电子系统基础训练

周小计　杨延军　王　青
王志军　叶红飞　于　民　吕国成　编著

图书在版编目(CIP)数据

电子系统基础训练/周小计等编著.—北京：北京大学出版社，2020.4
ISBN 978-7-301-31323-7

Ⅰ.①电… Ⅱ.①周… Ⅲ.①电子系统－高等学校－教材 Ⅳ.①TN103

中国版本图书馆CIP数据核字(2020)第055475号

书　　名	电子系统基础训练 DIANZI XITONG JICHU XUNLIAN
著作责任者	周小计　杨延军　王　青　王志军　叶红飞　于　民　吕国成　编著
责任编辑	王　华
标准书号	ISBN 978-7-301-31323-7
出版发行	北京大学出版社
地　　址	北京市海淀区成府路205号　100871
网　　址	http://www.pup.cn　新浪官方微博：@北京大学出版社
电子信箱	zpup@pup.cn
电　　话	邮购部 010-62752015　发行部 010-62750672　编辑部 010-62765014
印 刷 者	北京溢漾印刷有限公司
经 销 者	新华书店
	730毫米×980毫米　16开本　8印张　155千字
	2020年4月第1版　2020年4月第1次印刷
定　　价	25.00元

内 容 提 要

本书是根据北京大学信息科学技术学院开设的“电子系统基础训练”课程所编写的配套教材。该课程面向全校低年级本科生，围绕电子系统以及电子工程设计中的基本仪器操作、电路设计、程序开发、系统测试等过程，辅以当前流行的 Arduino 平台，带领学生完整地体验电子工程开发流程，并进行有效的电子设计基本技能训练，从而激发学生兴趣，感受和体验电子信息科学的魅力。

全书分实验仪器平台篇和实验训练篇两部分。实验仪器平台篇详细介绍了基本焊接工艺、常用仪器操作、Arduino 平台及其开发流程、简单反馈控制系统。以这些基本知识为基础，实验训练篇设计了 10 个不同层次的实验，前三个实验为纯硬件电路系统，后七个实验均是基于 Arduino 平台的软硬件结合的电路系统。

实验一为最基础的技能训练，通过焊接简单的 *RC* 带通网络，并测试其幅频和相频特性曲线，让学生学会基本的焊接技能，熟悉常用仪器的操作使用，感受从频域角度分析理解电路；实验二带领学生进一步体验流水线贴片焊接工艺，并通过后续的组装调试，完成一台调频收音机；实验三是让学生按照给定的电路图，分析、焊接、调试出一个简易的电子门铃。后两个实验成果都和平时生活密切相关，使学生感受到电子工程设计的实用性。

实验四介绍 Arduino 电子工程开发平台的基本使用方法；实验五则结合各类传感器，利用 Arduino 平台，构成一个监控系统，对环境信号进行数模采集、分析处理、反馈响应等，实现系统与环境的交互。通过这两个实验，让学生熟悉掌握 Arduino平台的端口资源、程序开发。在此基础上，进行实验六的简易信号源设计，这样既有助于学生加深对信号源的理解，又完美体现了软硬件结合的系统设计。实验七到实验十是基于智能科学实现对小车的自动化操控，利用 Arduino 平台开发控制系统，逐步实现小车和控制器的蓝牙通信、按键遥控、手势控制、速度伺服、舵机转向、循迹以及定点停车等功能，从而自然引入了简单的 PI 负反馈和人工智能等相关知识，增加了实验的趣味性和知识的宽广度。

本书内容设置紧跟时代潮流，一方面，在新工科理念指导下，实验设计深入浅出，便于对相关专业不同基础的学生进行差异化教学；同时，注重客观测量与主观设计相结合，锻炼学生的独立思考能力和设计、动手能力。另一方面，实验内容与生活实际紧密结合，让学生切身感受到学以致用，加深对电子工程设计的认识，增加学生在实验过程中的乐趣，激发他们进一步学习探究的兴趣与热情。

前　言

当前信息科学技术的迅速发展,充分体现在以电子、微电子为主的硬件与算法程序之间的深度融合。对信息科学技术学院的低年级本科生来讲,非常需要通过一门实验课,培养学生对信息技术的系统性、全局性和实用性的全面认识,感受电子系统整体功能的实现过程,激发学生的兴趣和潜能,为高年级的学习奠定良好的基础。在这样的背景下,针对北京大学信息科学技术学院一年级本科生,开设“电子系统基础训练”实验课程。本书即是该课程的教材。

本书第一部分介绍了与实验相关的 4 个知识点,包括手工焊接技术,常用仪器介绍,Arduino 电子设计开发平台以及简单反馈控制系统 4 个部分。通过对这些实验基本知识的阅读和理解,学生基本可以掌握电子系统基本的实验技能。

本书第二部分由 4 类 10 个实验组成。

第一类是电子基础实验。实验一是通过焊接直插元件构建简单 *RC* 滤波电路,并测试其频率响应,希望学生掌握基本的焊接技术、认识基本电子元器件和常用仪器的使用和操作。实验二通过焊接、组装、调试带照明灯的 FM 收音机,让学生熟悉贴片元件和表面贴装流水线的工艺,并进一步熟悉电源、示波器等常用仪器的使用。实验三则要制作简易的电子门铃。在初步学会看电路图的基础上,进一步学习使用万用表、信号发生器和示波器来调试和测试电路,在实验板上实现包含数模混合的简单电子系统,完成电子门铃的功能,对频率和功率实现可调。

第二类是开发板控制类的基础实验。包括实验四的 Arduino Uno 开发板入门介绍,实验五、六的数字信号输入输出、模拟信号输入输出。在实验四中,学生了解 Arduino Uno 开发板的基本开发流程,掌握 Arduino 软件编程的基本结构和端口输出控制的基本方法。实验五主要是学习基于 Arduino 平台获取传感器信号的方法,学会设计一个能够和环境进行交互的电子系统。实验六则是设计简易的信号源,利用 PWM 波形和低通滤波器,实现真模拟输出,并理解直接数字频率合成(DDS)的基本原理与实现方法;加深对信号发生器的理解与认识。

第三类是小车的智能控制实验,包括实验七到实验十。这些实验通过串口通信以及蓝牙模块,实现前后双避障蓝牙遥控以及姿态感应遥控小车,实现对小车的智能控制。具体来讲,实验七是关于前后双避障蓝牙遥控小车,介绍了利用蓝牙模块进行串行通信的方法，并利用超声波测距模块实现小车的避障功能。实验八学习中断的概念及其使用，了解加速度计模块在姿态感应领域的简单应用，从而利用姿态感应蓝牙遥控小车。

第四类是系统综合训练和实现。实验九是智能小车寻迹，通过 PID 控制算法和参数的设计，掌握调节 PID 参数的基本方法，实现寻迹功能。实验十实现智能小车的定点停车，通过小车的速度测量与控制，进一步理解 PID 控制算法，通过定点停车，感受简单闭环反馈原理及过程，并建立数学模型，利用软硬件设计，实现最优化的智能小车定点停车功能以及贴墙直行功能。

通过上面的基础知识和实验训练，锻炼学生的实验动手能力和逻辑思维能力，对电子系统有初步的认识和了解，进一步激发学生兴趣，培养学生能力，提高学生视野，锻炼学生品质。希望这种实验教学的改革能为培养出优秀的信息科学技术人才打下坚实的基础。

目　　录

第一部分　实验仪器平台相关介绍

第二部分 电路系统基础训练

第一部分

实验仪器平台相关介绍

第一章　手工焊接技术

焊接是指以加热、加压等方式，接合金属或其他热塑性材料的制造工艺及技术，它是线路板生产中非常重要的工艺，是电子技术的重要组成部分。焊接质量的好坏直接影响科研开发进展和工程进度及质量，电子线路常用焊接方法主要有浸焊、波峰焊、回流焊和手工焊接等，其中前三种焊接属于机器焊接，一般用于线路板的大批量生产，在企业中用得比较多，而手工焊接则是研究、开发和实验中最常用的方法，是进入电子学领域必须掌握的最基本的技能。

1.1　手工焊接工艺

1.1.1　焊接的准备

焊接前，首先要对焊件表面做清洗，将表面的锈迹、油迹等杂质除去，可以用酒精或稀酸清洗，严重的腐蚀性的污点要用刀刮或砂纸打磨，直到漏出光亮金属为止。

其次是对清洗干净的焊件做镀锡处理，可以用带锡的热烙铁头涂抹元件的焊接处。

这两步处理一般是针对老旧的元件，若焊接的是全新的元件，可以根据情况省去。

最后，若焊接的是电阻、电容和二极管等简单器件，最好利用万用表对元件进行检测，确认阻值、容值、二极管极性等。

1.1.2　焊接的操作姿势

焊接时要注意卫生和安全，头部要离烙铁 20 cm 以上，并避开焊剂的烟雾。

电烙铁常用的拿法如图 1.1 所示。反握法的特点是动作稳定，长时间操作不易于疲劳，适宜大功率烙铁的操作，如图 1.1(a)所示；正握法适合于中等功率烙铁或弯头烙铁的操作，如图 1.1(b)所示；握笔法比较常见，在操作台上，焊接电路板时多采用此握法，如图 1.1(c)所示。

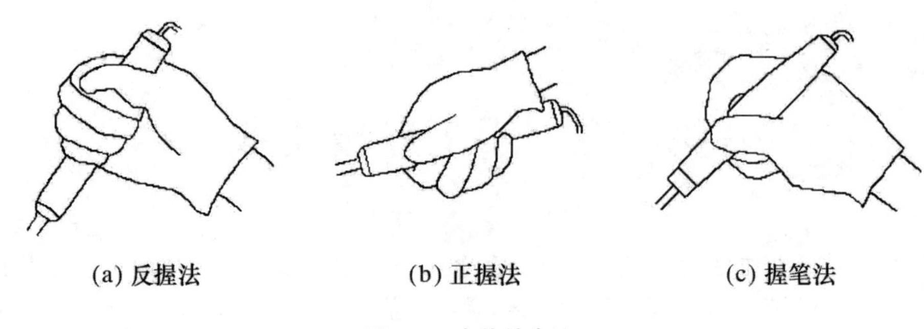

图 1.1 电烙铁拿法

1.1.3 焊接的一般步骤

焊接的一般步骤：准备焊接、加热焊件、送入焊丝、移开焊丝和移开烙铁。可以根据具体情况进行变动调整。

(1) 准备焊接。一手拿焊锡丝，一手握烙铁。烙铁头要保持干净，要能沾锡。

若需要，可以给焊件加上助焊剂(如松香等)，助焊剂使焊件易于浸润焊锡，但过多会产生渣滓，延长加热时间，并且浪费。有些助焊剂有腐蚀性，清除工作也较麻烦。常见的焊锡丝是空心焊锡丝，其中已加了松香，如果焊接件比较干净，一般不需要在焊接时另加助焊剂。

(2) 加热焊件。将烙铁头放置在焊接处，加热大约 1～2 s，要注意使烙铁头同时接触焊盘和元器件的引脚。

烙铁的功率和被焊金属件的热容量会影响加热时间，施焊部位散热状况也会影响加热时间。为了使焊料充分浸润焊件，并达到可以生成合金的温度，要适当调整烙铁功率和加热时间。加热时间不足，后续送入的焊锡不易熔化；加热时间过长，松香会分解碳化，失去助焊作用，另外过热还会使焊点质量和形状变形，甚至还会使印制板的黏合层遭到破坏，导致铜皮脱落。所以掌握合适的时间很重要。

(3) 送入焊丝。当焊接面加热到一定的温度时，送入焊锡丝，从烙铁对面接触焊件，待焊锡丝熔化并浸润焊点即可。

(4) 移开焊丝。当熔化的焊锡在焊点上积累到一定量后，即可移开焊锡丝。

(5) 移开烙铁。当焊锡充分浸润施焊部位后，移开烙铁。

注意在烙铁移开前后焊锡未凝固时，焊接处不要移动或晃动，否则可能形成豆渣形裂纹，既降低了焊接处导电的可靠性，又影响了机械强度。

从第(3)步到第(5)步，时间大约是 2～3 s，依据焊盘、元器件、烙铁尺寸及烙铁功率的差异而不同。

1.1.4　合格的焊点

据统计，电路板和电子设备近一半的故障是由于焊接不良引起的。焊点的质量是电路板和电子设备正常工作的基本保证，因而对焊点有一定的基本要求。

焊点焊锡量过多时，容易造成短路和浪费；过少则不牢靠，机械强度不够，容易接触不良；焊锡量合适、质量合格的焊点应该是光亮平滑，成裙形散开，没有裂纹和气孔，没有桥接和拉尖。

第二章　常用仪器介绍

电子系统设计实现过程中，接触最多的就是信号源、示波器和万用表等常用仪器。其中，信号源用于产生各种所需的信号，比如正弦波、锯齿波和方波等；示波器可以用来观察电压信号波形；万用表可以测量电压、电流、电阻，有的甚至可以测量电容、频率、周期等。熟练使用这几类仪器，可以有效帮助调试电路、提升工程效率。

2.1　信　号　源

信号源，又称信号发生器，是给被测电路或器件提供输入信号的仪器，广泛用于电子技术领域里各种电路系统的研制、生产、使用或维修过程中。目前信号源以数字信号源为主，有些只产生正弦波；有些则可以产生诸如三角波、方波、锯齿波、脉冲波，并且可以改变信号的频率和幅度；有些还具备调制和扫描的功能。

2.1.1　信号特性介绍

表征一个电信号的主要的两个参数就是信号的幅度 A 以及信号的频率 f，模拟电路的主要功能就是对信号的幅度和频率进行调整。

1. 幅度特性

表征信号的强度(电压、功率)。为了对电路进行定量测量，需要对信号的幅度进行比较精确的控制，也就是要求其准确度、调节精度都要比较高；直流偏移是叠加在信号上的直流分量，如图 2.1 所示。

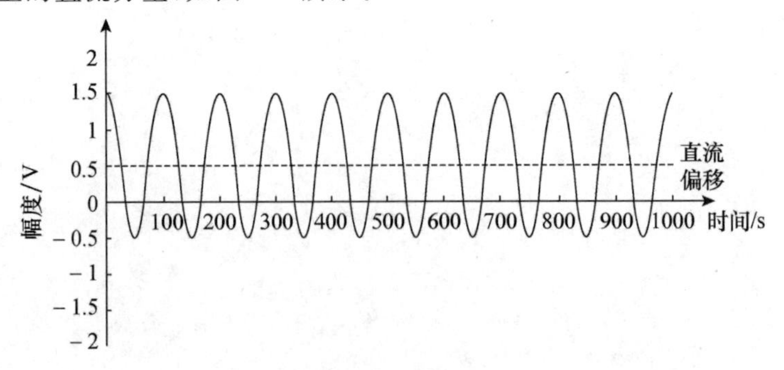

图 2.1　幅度特性

2. 频率特性

表征信号幅度变化的快慢,频率越高(周期越短)表示信号变化越剧烈,如图 2.2 所示。信号源需要能够在一定的频率范围内进行精准的频率调节,并且有较高的稳定度。利用信号源给待测电路输入不同频率的信号,能够测量出电路对不同频率信号的反应,也就是常说的频率响应。

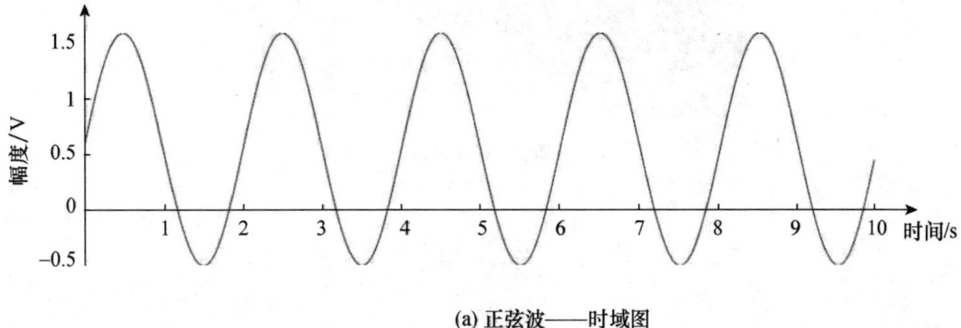

(a) 正弦波——时域图

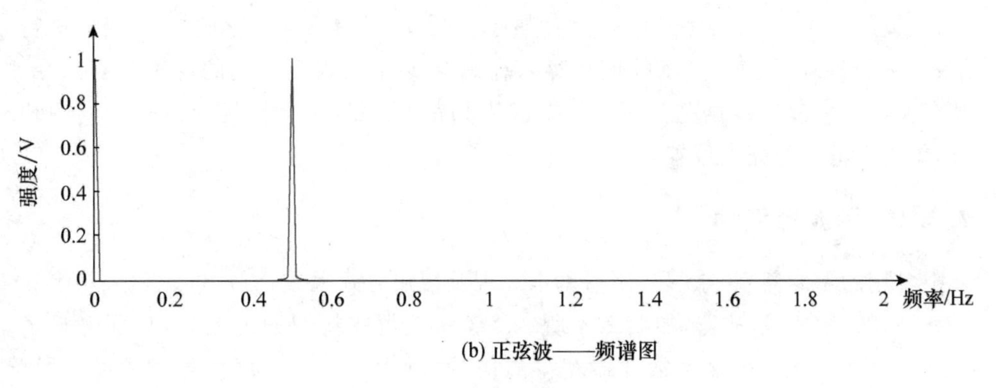

(b) 正弦波——频谱图

图 2.2　单频信号及其频谱

2.1.2　信号源使用

实验室常用信号源型号众多,不过使用方式大同小异,在本课程中以泰克 AFG3051 信号源为例,如图 2.3 所示。一般的使用信号源主要经过以下几步设定:

(1) 波形选定,如正弦波、方波、锯齿波等;

(2) 设定波形的主要参数,如信号的频率、幅度、偏置等参数;

(3) 设定波形工作模式,如连续工作模式、突发工作模式等;

(4) 在确定信号工作参数后,打开信号源输出。

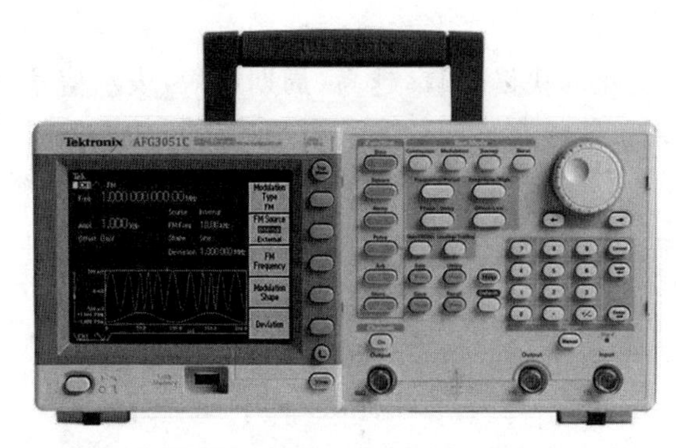

图 2.3 泰克 AFG3051 信号源

2.2 示 波 器

示波器是指用于直观显示信号波形的仪器，现在基本上都是数字示波器，主要工作过程如下：被测信号经过放大后进行模拟数字转换，存入存储器 1；然后进行抽样，并将抽样后用于显示的信号存入存储器 2；最后根据一定的逻辑控制指令，从存储器 2 中读出数据并显示，如果是用液晶显示器，实际上是通过一系列的地址，给出屏幕上的亮点位置。

2.2.1 示波器使用

常用的示波器型号众多，不过基本原理及使用方式大致相似，本课程采用泰克 TDS1012C-EDU 示波器，如图 2.4 所示。该示波器支持双通道输入，界面分显示区和功能区。显示区显示示波器获得的信号波形及主要参数(信号的幅度、频率等)；功能区用于显示参数的设定，结合待测波形进行合理设置，获得最佳的测量值。

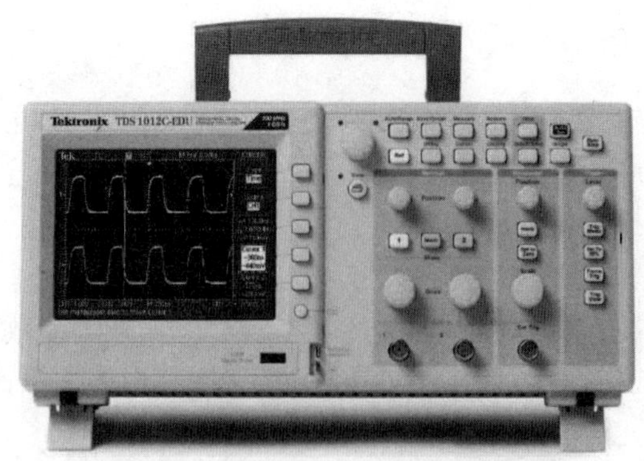

图 2.4 泰克 TDS1012C-EDU 示波器

1. 示波器工作参数设定

在垂直区域主要对示波器的纵向参数(幅度档位)进行设定;在平行区域主要是对示波器的横向参数(时间档位)进行设定;在 Trigger 区域主要是对触发进行设置。通过对示波器工作参数的设定,获得信号波形的稳定显示。

(1) 触发设置。触发设置主要指触发源、触发方式和触发电平的设置。一般来说,当观察单个信号时,哪个通道接收信号,就将该通道设置为触发源;触发方式一般设为自动模式;触发电平决定信号的显示起始点,可以设定在信号幅度范围内的任意位置。触发只显示一个参考点,示波器逻辑控制部分则根据指令,将触发位置前后的应显示数据提取并显示。在实际工作中,示波器开始采集数据并不是在触发后,而是在等待触发的同时不断地采集数据,首先在触发点左侧画出波形,当检测到触发后,示波器继续采集数据,画出触发点右侧的波形,如图 2.5 所示。

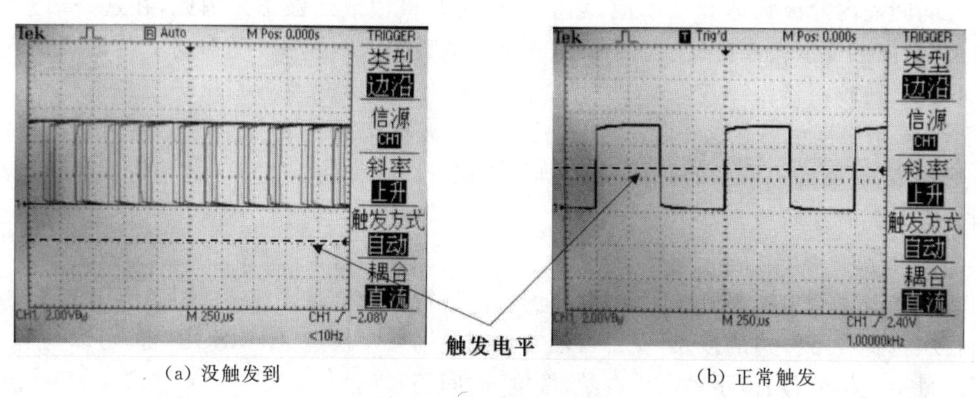

(a) 没触发到　　(b) 正常触发

图 2.5　示波器触发设置

(2) 自动设置。一般示波器都有自动设置功能,当示波器没有接收到外界的设定时,它会自动搜索信号,分析并显示。如果使用者给定的设置不合适,有可能得不到波形显示,或者显示波形不稳定。这时可以按下自动按键,示波器会自动分析判断,显示波形。不过要注意,示波器自动显示的波形不一定符合需求,比如它可能显示的是高频细节,而实际需要观测的是低频包络。所以在自动设置找出图形后,可能还要进一步手动调节时域和幅度的设置,以保证观测到需要的信号。

2. 数据获取

示波器获取数据的方式大致有 3 种:采样、峰值检测、平均值。

(1) 采样。在这种数据获取方式下,示波器按相等的时间间隔对信号进行采样。这样的方式可以获得正确的数据,并显示信号波形。但是这种方式在每个采样间隔里,只有一个采样点,如图 2.6 所示,不能获得在两次采样时间间隔内迅速发生变化的信号,从而可能丢失信号中宽度小于采样间隔的窄脉冲。

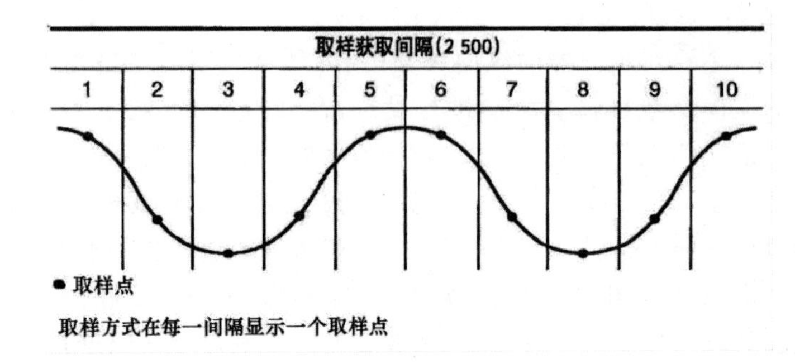

图 2.6 采样模式和采样点

(2) 峰值检测。在这种数据获取方式下，示波器以高速率采集数据，获得每个时间间隔内的极大值和极小值，然后依据这些极值显示波形。因此，在这一形式下，示波器可以获取和显示在采样方式下可能丢失的窄脉冲。这种方式的缺点是，噪声会比较明显。

(3) 平均值。在这种数据获取方式下，示波器获取若干个波形，然后对数据取平均值，经过处理后显示平均后的波形，这就可以减少随机噪声。这种方式的缺点是显示耗时比较长。

3. 信号参数测量

在获得稳定的观测波形后，对待测信号进行参数测量。按下“MEASURE”键，再次选择屏幕旁边的按钮，获得自动参数测量结果。通过“CURSOR”键，可以调节屏幕上光标的位置，手动测量参数(幅度、时间、频率等)。

(1) 自动测量。数字示波器可以方便地采集所需数据，并显示数值，例如一个周期信号，使用者可以根据菜单选项，令其随时显示测量的周期、频率、峰峰值等关键数据。

(2) 光标测量。示波器可以方便地进行手动测量，通过移动 X、Y 方向的两对光标，使用者可以方便地测量信号的数据，并自动显示测量值。

(3) 直接读数测量。在对测量精度要求不高的情况下，可以采用直接读数的方式进行测量。直接读数测量与自动测量相结合，一般可以给出比较满意的结果，自动测量的数据是示波器根据命令所读取的采样点数据，但由于各周期采样位置的随机性以及信号的噪声，自动显示数据一般会在一个小范围内跳动，而且，在一些特殊情况下，还可能由于噪声而产生较大幅度的跳动。因此，根据直接读取的数据以及波形变化的具体情况，结合自动测量数据，可以对数据的准确性做出进一步的判断。

2.2.2 示波器使用中要注意的问题

1. 信号欠采样

若信号频率很大，而屏幕的扫描时基很慢(横轴的时间档位比较大)时，由于示波器采样速率较低，不能够正确地重建波形，导致波形会发生混淆，显示的波形频率会低于实际测量的波形频率，如图 2.7 所示。

检查是否发生了波形混淆的方式是：连续改变扫描时基，看波形是否发生跳变，频率是否发生巨大变化。如果波形变化剧烈，说明有可能发生了混淆。

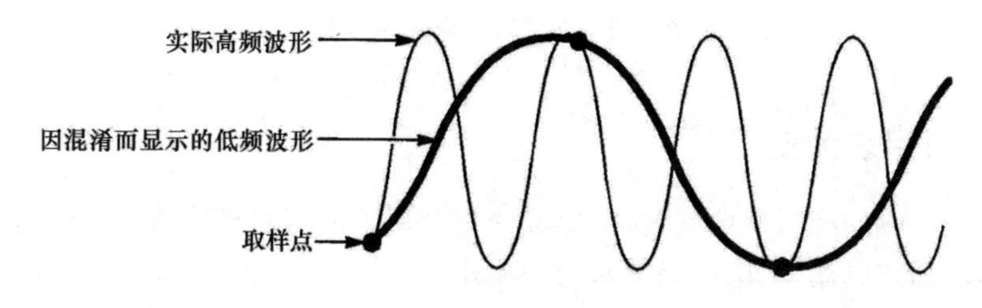

图 2.7 采样频率不够时可能出现的混淆

2. 示波器的噪声

示波器是以一定的速率读取信号采样点的数值，在不同的采样周期中，新读取的信号采样点的位置不可能完全相同，同时，读取数值还受到模数转换器精度的限制，使读数和信号采样点的实际值存在量化误差，这些构成了数字示波器的系统噪声。从原理上分析，提高采样速率和模数转换分辨率都可以降低示波器的系统噪声，而实际使用过程中，可以采用平均值检测，来降低系统噪声的影响，当然，信号的实际噪声也被平均掉了。因此，在实际测量中，要根据测试所关心的问题，选择适当的采样方式。

2.3 万 用 表

万用表是采用大规模集成电路和液晶数字显示技术，将被测量的数值直接以数字形式显示出来的一种电子测量仪表，目前主要以数字万用表为主。万用表使用简单、测量精度高、显示直观，许多万用表还带有测量电容、频率、温度等功能。目前常见的万用表分手持式和桌面型两种，如图 2.8 所示，两者端口按钮及其功能类似，下面的介绍主要基于手持式。

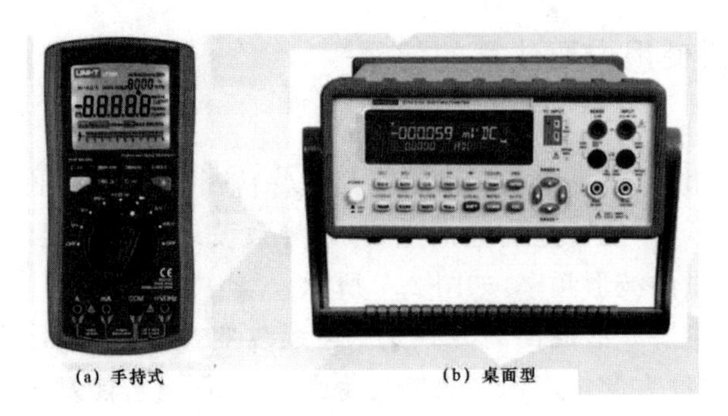
(a) 手持式　　(b) 桌面型

图 2.8　数字万用表两种类型

2.3.1　万用表的使用

万用表一般有红、黑两支笔，黑笔头插在万用表的“COM”端插孔，红笔头根据测量对象，插在电流端、电压端等对应的插孔。

1. 电压测量

万用表对电压的测量，分直流挡和交流挡。对一个电压信号，直流挡测得的是平均值，交流挡测得的是均方根值，即有效值。

(1) 将黑笔头插入“COM”插孔，红笔头插入“VΩ”插孔。

(2) 将功能开关置于直流电压挡“V－”量程范围，并将测试笔并联接入到待测电压两端(电源或负载)，察看读数，并确认单位，得到直流电压，带极性显示。

(3) 将功能开关置于交流电压挡“V～”量程范围，并将测试笔并联接入到待测电压两端(电源或负载)，察看读数，得到交流电压有效值，没有极性显示。

2. 电阻测量

电阻测量方式同电压测量过程相同，只需把功能旋钮置于“Ω”区对应的量程，将红、黑笔接在电阻两端金属部位，即可读出阻值。

3. 电流测量

电流测量也分直流挡和交流挡，分别测量直流电流值和交流电流值。

(1) 将黑笔头插入“COM”插孔，若待测电流小于 200 mA，红笔头插入“mA”插孔；若待测电流在 200 mA～20 A 之间时，红笔头插入“20 A”插孔。

(2) 将功能开关置于直流电流挡“A－”量程，并将测试笔串联接入到待测电路里，即可得到直流电流值，并显示红笔的极性。

(3) 将功能开关置于交流电流挡“A～”量程，并将测试笔串联接入到待测电路里，即可得到电流的交流值。

4. 二极管极性测量

万用表可以测量发光二极管和整流二极管等各种二极管的极性，测量时，红、黑笔头插入的位置与电压测量一样，将旋钮置于二极管挡；红笔接二极管的正极，黑笔接二极管的负极，这时会显示二极管的正向压降。肖特基二极管的正向压降是0.2 V左右，普通硅整流管(1N4000，1N5400 系列等)的正向压降约为 0.7 V，发光二极管的正向压降约为 1.5～4.0 V。调换笔，显示屏显示“1.”，表示二极管的反向电阻很大，为正常状态，否则此管已被击穿。

2.3.2　万用表使用注意事项

(1) 如果不知被测电压或电流范围.将功能开关置于最大量程并逐渐下降。

(2) 不要测量高于 1 000 V 的电压，可能会损坏内部线路。

(3) 当测量高电压时，要格外注意避免触电。

(4) 当被测电流超过档位限度时，将烧坏保险丝，需更换；20 A 量程无保险丝保护，测量时不能超过 15 s。

(5) 电流测量完毕后应将红笔头插回“VΩ”孔，若忘记这一步而直接测电压，可能导致表或电源报废。

(6) 当被测电阻值超出所选量程时，将显示过量程“1.”，应选择更高的量程，对于大于 1 MΩ 的电阻，读数要几秒钟后才能稳定。

(7) 测量电阻时，可以用手接触电阻，但不要把手同时接触电阻两端，会导致测不准。

第三章　Arduino电子设计开发平台

为了方便人们更快更便捷地进行电子工程开发设计，硬件工程师们开发出了诸如 Arduino、树莓派等电子设计开发平台。这些平台集成封装了微处理器、I/O端口、通信接口和电源模块等，上手容易，不需要太多的电子学基础、单片机基础、编程基础，经过简单学习后，就可以快速地进行开发，既提升了效率，又降低了电子工程设计的门槛，广受电子设计初学者、爱好者的欢迎。

3.1　Arduino基本介绍

Arduino是一款简单易用的开源电子设计开发平台，由意大利 Massimo Banzi 及其团队于2005年完成，包含硬件部分和软件部分。硬件部分（或称开发板）由微控制器（Micro Computer Unit，MCU）、闪存（Flash）以及一组通用输入/输出接口（General Purpose Input/Output，GPIO）等构成，相当于一块微型电脑主板，如图3.1所示。软件部分则主要由 PC（个人计算机）端的 Arduino IDE 以及相关的板级支持包（Board Support Package，BSP）和丰富的第三方函数库组成。

图3.1　Arduino开发板

对于初学者来说，Arduino平台极易掌握，同时有着足够的灵活性，既降低了电子设计开发的门槛，又节约了学习的成本，缩短了开发周期，使得开发者更关注创意与实现，更快地完成自己的项目开发。由于Arduino平台的硬件设计完全开源，用户可以自行根据官方发布的硬件文件制作或者修改硬件（如果要使用 Arduino 的名字和

Logo则必须要获得授权)。目前,Arduino是全球最流行的硬件开发平台,并有了多种型号,包括 Arduino Uno, Arduino Nano, Arduino LilyPad, Arduino Mega 2560, Arduino Ethernet, Arduino Due, Arduino Leonardo, ArduinoYún 等。

由于 Arduino 平台的种种优势,越来越多地专业硬件开发者采用 Arduino 平台来开发他们的项目、产品;硬件和物联网开发领域越来越多地使用 Arduino 平台;大学里,自动化、计算机以及艺术专业,也纷纷开设了与 Arduino 平台相关的课程。

3.2 开发环境配置

登陆 Arduino 官方网站 https://www. arduino. cc/en/Main/Software? setlang=cn,下载软件,如图 3.2 所示,安装完成后,点击"arduino. exe",正常运行出现如图 3.3 所示的程序窗口,则环境安装成功。

图 3.2 Arduino 软件官网下载页面

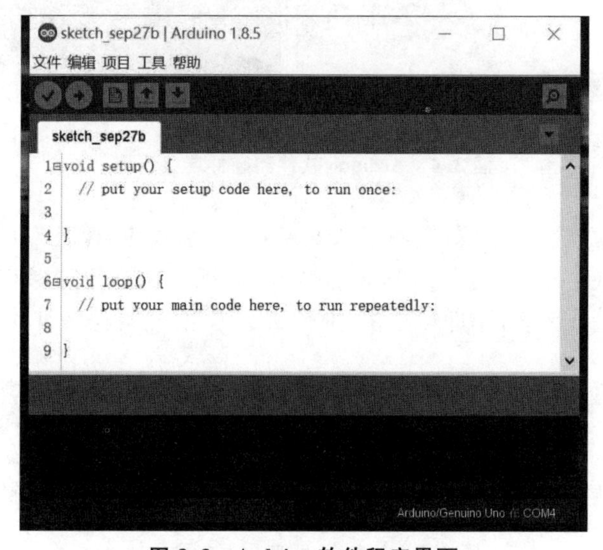

图 3.3 Arduino 软件程序界面

Arduino IDE 项目使用简化版的 C/C++程序设计语言编写代码，只需要掌握简单的 C 程序设计语言就很容易入门，新建项目默认有两个函数 void setup()和 void loop()，这两个函数体是一个 Arduino IDE 项目所必需的。其中，void setup()函数只在设备通电时执行一次，可以用于变量和端口的初始化，而 void loop()函数则类似于 C 程序设计语言中的死循环，程序在执行完一次 void setup()函数之后，就无限循环执行 void loop()函数。全局变量和函数库的引用，定义在代码的头部，即 void setup()函数体之前。

3.3 设置上传程序

如图 3.4 所示，编好程序后，通过专用 USB 线将电脑和 Arduino 开发板连接，然后在程序界面，单击菜单栏“工具”，在下拉菜单里，依次选择开发板型号、端口号，其中，端口号可以在电脑的设备管理器里查看。

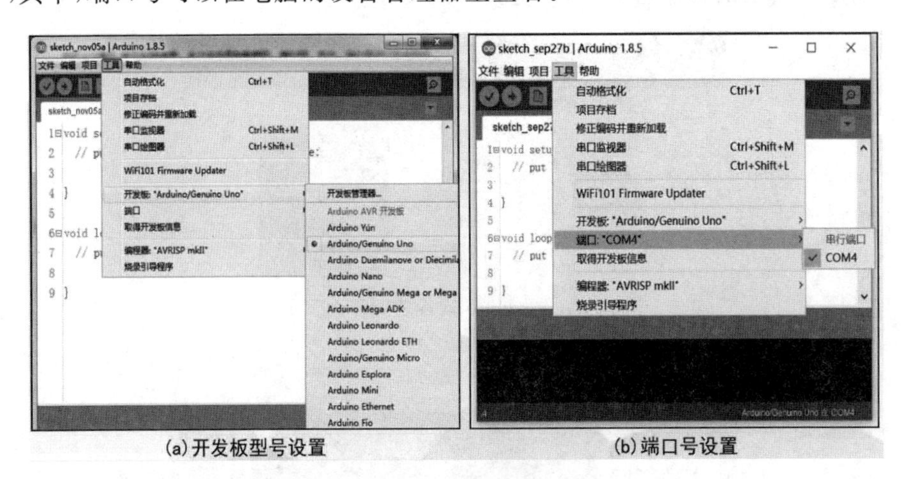

(a) 开发板型号设置　(b) 端口号设置

图 3.4　Arduino 软件和硬件连接设置

程序界面的第二行菜单栏，如图 3.5 所示，分别对应“验证”(C 程序设计语言的编译)“上传”(下载程序到 Arduino 开发板)“新建”“打开”“保存”和“串口监视器”等，当程序验证无误后，即可单击“上传”，上传完毕后，程序自动执行。

图 3.5　Arduino 程序界面主要按钮

3.4　技术参数

Arduino Uno 电子设计开发平台技术参数如表 3.1 所示。

表 3.1　Arduino Uno 开发平台技术参数

微控制器	ATmega328P
工作电压	5 V
输入电压(推荐)	7～12 V
输入电压(极限)	20 V
数字 I/O 引脚	14
PWM 通道	6
模拟输入通道(ADC)	6
每个 I/O 直流输出能力	20 mA
3.3 V 端口输出能力	50 mA
Flash	32 kB(其中引导程序使用 0.5 kB)
SRAM	2 kB
EEPROM	1 kB
时钟速度	16 MHz
板载 LED 引脚	13
长度	68.6 mm
宽度	53.4 mm
质量	25g

3.5　常用函数

3.5.1　端口操作函数

(1) pinMode(pin,mode)：数字端口 I/O 设置。

pin：引脚号。

mode：INPUT,OUTPUT。

(2) digitalWrite(pin,value)：数字 I/O 端口输出函数。

pin：引脚号。

value：HIGH,LOW。

(3) int digitalRead(pin)：数字 I/O 端口读取函数。

pin：引脚号。

(4) int analogRead(pin)：模拟端口读取函数，0～1 023 对应为 0～5 V。

pin：引脚号。

(5) analogWrite(pin，value)：数字 I/O 端口，PWM 端口输出函数。

pin：引脚号。

value：具体的 PWM 值，0～255。

3.5.2 时间相关函数

(1) unsigned long mills()：读取当前运行时间(ms)。

(2) delay()：延迟函数(ms)。

(3) delayMicroseconds()：延迟函数(μs)。

3.5.3 串口通信函数

(1) Serial. begin()：用于设置串口的波特率，波特率是指每秒传输的比特数，波特率除以 8 就可以得到每秒传输的字节数，一般有 9 600，19 200，38 400，57 600，115 200。

(2) Serial. available()：用于判断串口是否接收到数据，该函数返回值为 int 型。

(3) Serial. read()：串口读取，该函数返回值是 int 型。

(4) Serial. print()：串口输出，数据可以是变量，也可以是字符串。

(5) Serial. printIn()：串口输出，在末尾自动添加回车换行。

3.5.4 中断函数

(1) interrupts() // #define interrupts() sei()：中断开启函数，无参数，无返回值。

(2) noInterrupts() // #define noInterrupts() cli()：中断关闭函数，无参数，无返回值。

(3) attachInterrupt(interrupt，function，mode)：外部中断设置函数，3 个参数分别表示中断源、中断处理函数和触发模式。

(4) detachInterrupt(interrupt)：取消指定类型的中断。

第四章　简单反馈控制系统

电子设计一个很重要的应用是系统控制，比如空调的控温系统、汽车的速度控制系统、飞机的自动导航系统等，这些控制都属于负反馈控制。负反馈控制是系统维持平衡稳定的核心，在电路系统，控制电路通过采集系统中需要稳定的物理量，分析其偏离稳定态的程度，然后进行反馈纠偏，实现该物理量的稳定控制。本章主要介绍简单的系统结构以及基本的比例积分微分(Proportion Integration Differentiation，PID)反馈控制方法。

4.1　基本框图

信号与系统描述的是外界环境与独立系统的交互，信号与系统问题无处不在，几乎渗透到现代自然科学和社会科学各个领域。

如图 4.1 所示，为信号与系统的基本框图，输入信号为 X，一般是时间 t 的函数，经过一个系统 H 作用之后，输出信号为 Y，整个系统可以表示如下：

$$Y = HX \tag{1}$$

这里，H 称之为系统的传递函数。在离散时间情况下，则是时间序列，可以用 $X=x(n)$ 和 $Y=y(n)$ 表示，即 $y(n)=Hx(n)$。

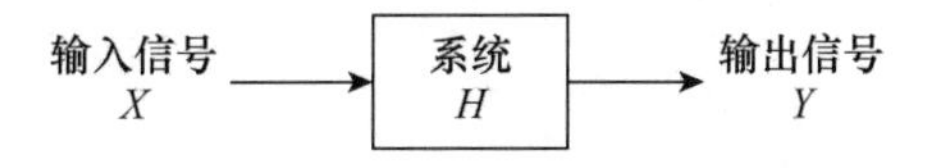

图 4.1　信号与系统的基本框图

4.2　常用简单系统

4.2.1　直连系统

最简单的系统，即输出等于输入，对应电路里是一根直连线，如图 4.2 所示。

$X \longrightarrow Y$

图 4.2 直连系统框图

对应的系统方程：

$$y(n) = x(n) \tag{2}$$

4.2.2 放大系统

输出等于输入乘以一定比例，对应电路里就是一个放大电路，直连系统是一种特殊的放大系统，如图 4.3 所示。

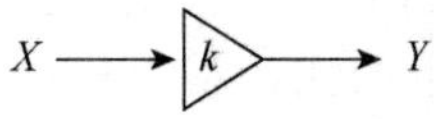

$X \longrightarrow [k] \longrightarrow Y$

图 4.3 放大系统框图

对应的系统方程：

$$y(n) = kx(n) \tag{3}$$

4.2.3 延迟系统

输出等于上一周期的输入，对应电路里就是一个延迟器，如图 4.4 所示。

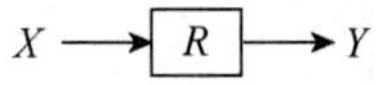

$X \longrightarrow [R] \longrightarrow Y$

图 4.4 延迟系统框图

对应的系统方程：

$$y(n) = R[x(n)] = x(n-1) \tag{4}$$

4.2.4 求和系统

输出等于所有输入的和，对应电路里就是一个加法器，如图 4.5 所示。

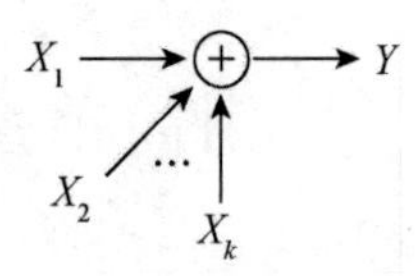

图 4.5 求和系统框图

对应的系统方程：

$$y(n) = x_1(n) + x_2(n) + \cdots + x_k(n) \tag{5}$$

4.3　反馈循环信号流

考虑简单的反馈系统，如图 4.6 所示，其中 R 表示延时一个周期，p_0 为反馈系数。

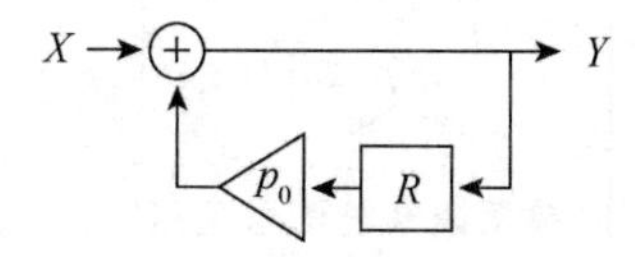

图 4.6　简单反馈系统

系统方程：

$$y(n)=x(n)+p_0y(n-1) \tag{6}$$

系统传递函数：

$$H=\frac{Y}{X}=\frac{1}{1-p_0R} \tag{7}$$

从信号流角度分析图 4.7 所示的简单反馈系统框图。

（1）刚开始时，简单反馈系统信号流路径如图 4.7 所示，如灰线所示信号直接从 X 流向 Y，反馈环路不起作用。

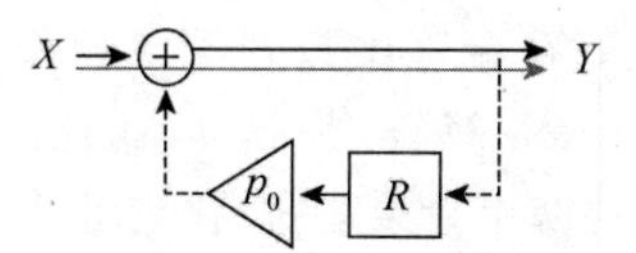

图4.7　简单反馈系统信号流路径(反馈 0 次)

对应的系统传递函数：

$$\frac{Y}{X}=1 \tag{8}$$

（2）经过 1 次反馈之后，简单反馈系统信号流路径如图 4.8 所示，灰线表示信号流。

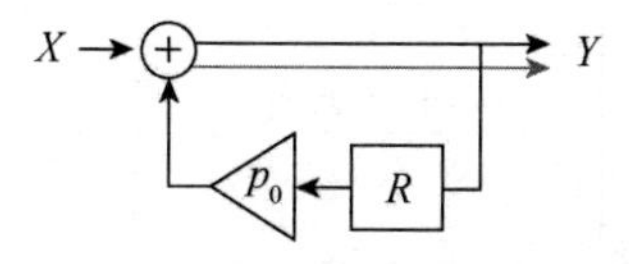

图4.8　简单反馈系统信号流路径(反馈 1 次)

对应的系统传递函数：

$$\frac{Y}{X}=1+p_0R \tag{9}$$

(3) 经过2次反馈之后，简单反馈系统信号流路径如图4.9所示，灰线表示信号流。

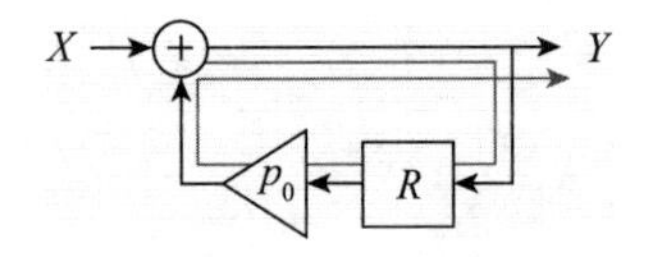

图 4.9 简单反馈系统信号流路径(反馈2次)

对应的系统传递函数：

$$\frac{Y}{X}=1+p_0R+(p_0R)^2 \tag{10}$$

经过n次反馈之后，对应的系统传递函数可以写成：

$$\frac{Y}{X}=1+p_0R+(p_0R)^2+(p_0R)^3+\cdots+(p_0R)^n \tag{11}$$

由于系统是闭环结构，理论上可以进行无限次反馈循环，即$n\to\infty$。比较式(11)和式(7)，可得到：

$$\frac{Y}{X}=\frac{1}{1-p_0R}=1+p_0R+(p_0R)^2+(p_0R)^3+(p_0R)^4+\cdots \tag{12}$$

可以看出，从数学形式上，正好符合等比数列的求和公式，公比为p_0R，需要注意的是，这里的p_0是反馈参数，而R是算符，并非具体数值。

对于高阶项的$(p_0R)^n$，有两个含义：$p_0{}^n$代表此项的相对大小，R^n代表此项引起的延迟。若要图4.6所示的系统尽快达到稳定，就得尽量降低上式中高阶项的影响，即$|p_0|$越小，上式收敛越快，系统越稳定。

令$z=1/R$，代入式(12)，得到：

$$\frac{Y}{X}=\frac{z}{z-p_0} \tag{13}$$

可以看出，p_0刚好是上述分式的一个极点(分母为0)，所以一个系统的稳定速度，取决于传递函数极点的大小。

对于复杂的系统结构：

$$\frac{Y}{X}=\frac{b_0+b_1R+b_2R^2+\cdots}{(1-p_0R)(1-p_1R)(1-p_2R)\cdots} \tag{14}$$

展开上式：

$$\frac{Y}{X}=\frac{c_0}{1-p_0R}+\frac{c_1}{1-p_1R}+\frac{c_2}{1-p_2R}+\cdots+f_0+f_0R+f_0R^2+\cdots \tag{15}$$

这里的传递函数就出现了多个极点$p_0,p_1,p_2\cdots$，系统的收敛速度取决于收敛最慢的那一项，一般情况下，就是极点绝对值最大的那一项。

4.4　反馈控制系统

反馈控制系统是基于反馈原理建立的自动控制系统。所谓反馈，就是根据系统输出变化的信息来进行控制，即通过比较系统行为(输出)与期望行为之间的偏差，并消除或放大偏差以获得预期的系统性能，两种情形分别对应负反馈系统和正反馈系统，前者可以使系统保持稳定，后者刚好相反，使得系统偏离平衡状态。

在反馈控制系统中，既存在由输入到输出的信号前向通路，也包含从输出端到输入端的信号反馈通路，两者组成一个闭合的回路。因此，反馈控制系统又称为闭环控制系统。反馈控制是自动控制的主要形式。

一般来说，负反馈控制系统比较广泛。图 4.10 所示为一个完整的负反馈控制系统，输入信号为被控对象的目标值，输出为被控对象的当前值，通过反馈，得到输出与输入的差值，经过 PID 运算之后，再叠加在一起，调节被控对象的输出，整个过程循环往复，直到被控对象当前值等于目标值时，环路系统达到动态平衡。在输入值保持不变的情况下，任何其他因素对被控对象的干扰，都会被负反馈环路补偿抵消掉，保证被控对象是稳定在输入的目标值上，这就是负反馈控制系统的稳定性。

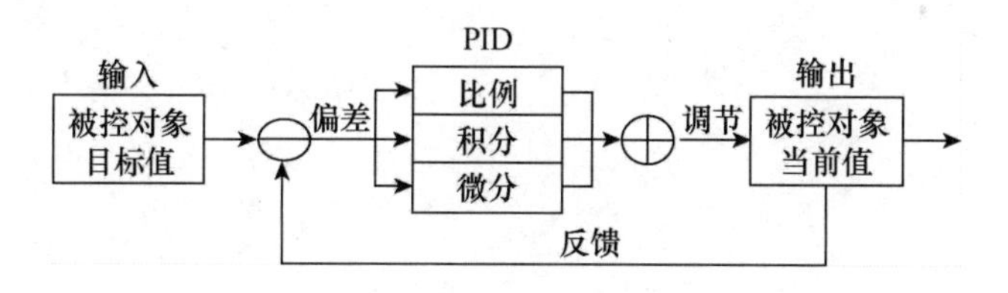

图 4.10　负反馈控制系统框图

这里面有一个重要的环节，即比例、积分、微分部分，俗称 PID，它是反馈控制调节的核心，合适的 PID 参数，可以提高系统的稳定性，反之，也可以使得系统不稳定，甚至转变为正反馈系统。

简单来说，比例部分就是放大偏差，然后反馈调节输出，使得偏差减小，比例系数越大，反馈调节得越快，但是一个闭环系统，当环路增益大到一定程度时，特别容易发生高频振荡，也就是出现高频信号的正反馈，所以比例系数有个极值，一般建议比例系数取为极值的一半左右。

比例系数有限，会导致很小的偏差，纯比例反馈响应很慢，甚至在某些负反馈系统里，会出现剩余偏差，无法通过比例反馈消除，这就需要引入积分反馈，只要输入的偏差不为 0，积分的输出会一直增大，合理调节积分速度，就可以得到很大的低频增益，把微小的偏差放大，然后通过反馈控制，实现偏差降为0。由于积分电路的高频增益很小，因此不容易引发高频振荡，当然不合适的积分参数，也会引发低频振荡，使得环路变为正反馈系统。

在很多负反馈系统里，比例反馈加积分反馈，已经可以达到很好得反馈稳定效果。微分反馈可以看成是一种超前反馈，反馈力度跟偏差信号变化的斜率成正比，即被控对象当前值刚有某种变化趋势，还没来得及明显偏离目标值，比例反馈和积分反馈还不怎么起作用的时候，微分部分已经根据这个变化趋势，也就是斜率，得到微分反馈信号，从而提前抑制这种变化。相对来说，微分反馈属于超前的，比例反馈属于即时的，而积分反馈属于滞后的。微分反馈一般在响应慢的系统里用得比较多，比如控温系统。当然，微分反馈这种超前调节，需要合适的微分参数配合，否则也会带来环路的不稳定性，容易引发振荡。

PID参数的调节，有个专有名词，叫作整定，可以说，PID反馈控制的难点不在电路，不在编程，而在参数整定部分。关于PID参数整定的方法有很多，最常见的就是Ziegler-Nichol响应曲线法，当然实际的系统多种多样，得到最好的控制效果的方法不一定相同，需要根据实际情况，加上对系统各参数背后物理意义的理解，进行微调。

第二部分

电路系统基础训练

实验一　焊接训练以及 *RC* 网络的相频和幅频特性测试

一、实验目的

（1）通过焊接简单的电路，初步掌握手工焊接技术。

（2）学会看电路图，并能对照电路图在通用 PCB 板上合理布局焊接元器件和正确连线。

（3）掌握万用表、直流稳压电源、信号发生器、示波器的使用。

（4）学会测试 *RC* 串并联电路相频、幅频特性曲线。

二、实验器材

本实验中实验桌及仪器设备工具如图 E1.1 所示。

（1）电烙铁 1 把、实验工具 1 套、实验电路板 1 块；

（2）直流稳压电源 1 台；

（3）函数信号发生器 1 台；

（4）示波器 1 台；

（5）1.6 kΩ 电阻 2 个、100 nF 电容 2 个，焊接练习用的旧电阻和旧电容各 2 个。

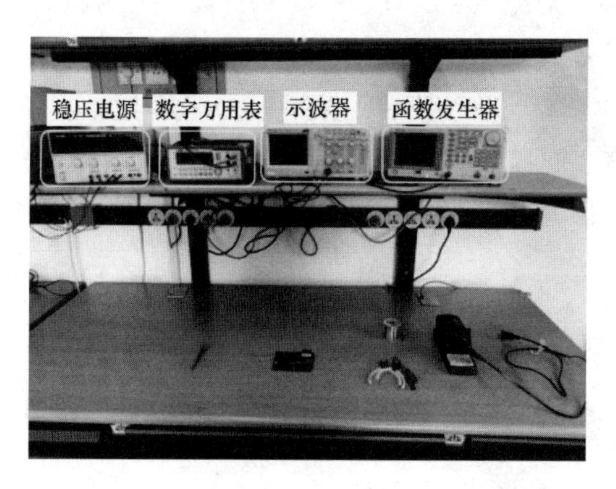

图 E1.1　实验室中实验桌及仪器设备工具

三、预习要求

焊接训练通用 PCB 板如图 E1.2 所示。

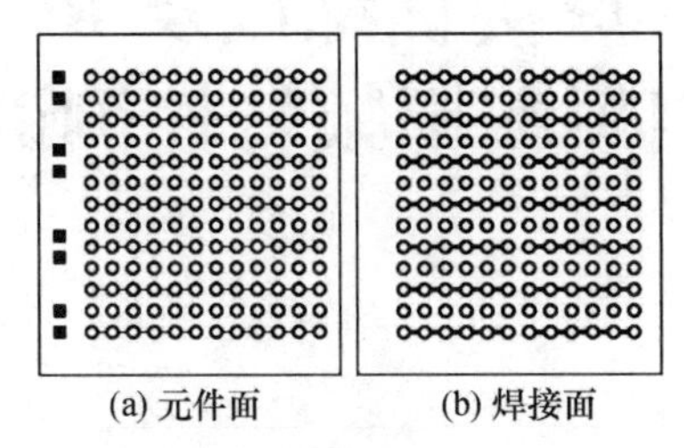

图 E1.2 焊接训练 PCB 板

(1) 了解 PCB 板的制作过程，弄懂 PCB 板上的点、线、面、层、字符的功能和含义。

(2) 阅读第一章节的焊接技术。

(3) 阅读第二章节的常用仪器使用：包括万用表、信号发生器和示波器。

四、实验原理

RC 串并联电路如图 E1.3 所示。

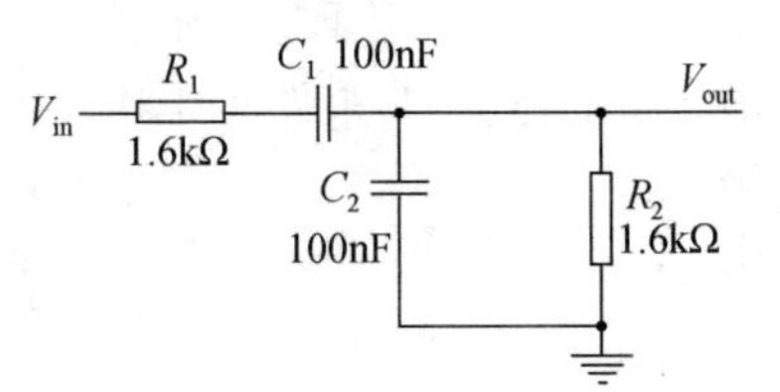

图 E1.3 *RC* 串并联电路

设 R_1 和 C_1 的串联阻抗为 Z_1，R_2 和C_2 的并联阻抗为Z_2，则

$$Z_1=R_1+\frac{1}{\mathrm{j}\omega C_1}$$

$$Z_2=R_2\parallel\frac{1}{\mathrm{j}\omega C_2}=\frac{R_2}{1+\mathrm{j}\omega R_2 C_2}$$（j 为虚数单位、∥ 表示并联）

可以得到传输系数为

$$F(\mathrm{j}\omega)=\frac{V_{out}}{V_{in}}=\frac{Z_2}{Z_1+Z_2}=\left[\left(1+\frac{R_1}{R_2}+\frac{C_2}{C_1}\right)+\mathrm{j}\omega\left(R_1 C_2-\frac{1}{\omega^2 R_2 C_1}\right)\right]^{-1}$$

取$R_1=R_2=R$，$C_1=C_2=C$ 则

$$F(\mathrm{j}\omega)=\frac{1}{3+\mathrm{j}\left(\frac{\omega}{\omega_0}-\frac{\omega_0}{\omega}\right)}$$

其中$\omega_0=\frac{1}{RC}=2\pi f_0$

幅频特性：$H(f)=\dfrac{1}{\sqrt{9+\left(\dfrac{f}{f_0}-\dfrac{f_0}{f}\right)^2}}$

相频特性：$\phi(f)=-tg^{-1}\left(\dfrac{1}{3}\left(\dfrac{f}{f_0}-\dfrac{f_0}{f}\right)\right)$

幅频特性及相频特性曲线分别如图 E1.4 和图 E1.5 所示，*RC* 串并联网络确实具有选频特性。当 $f=f_0$，传输系数最大，其值为 1/3，移相为零（著名的文氏桥振荡器就是应用此特性制作的）。

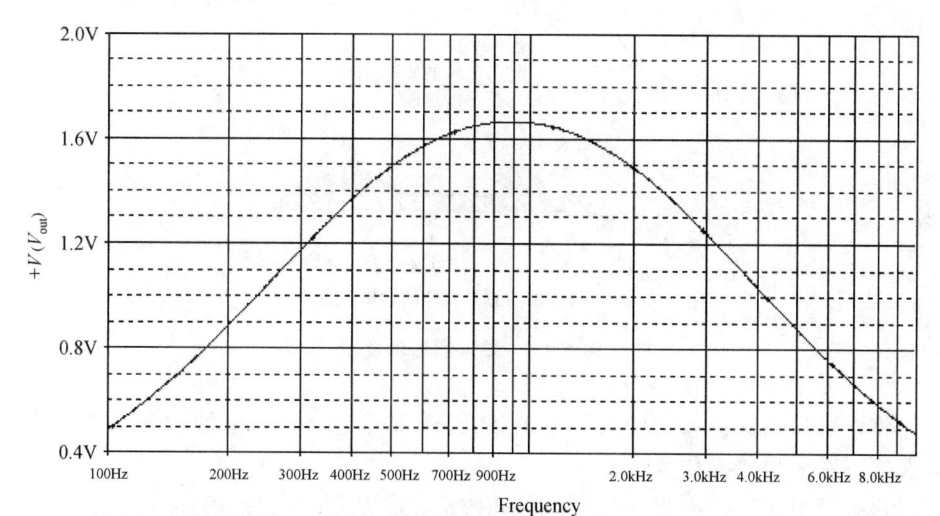

图 E1.4　幅频特性曲线

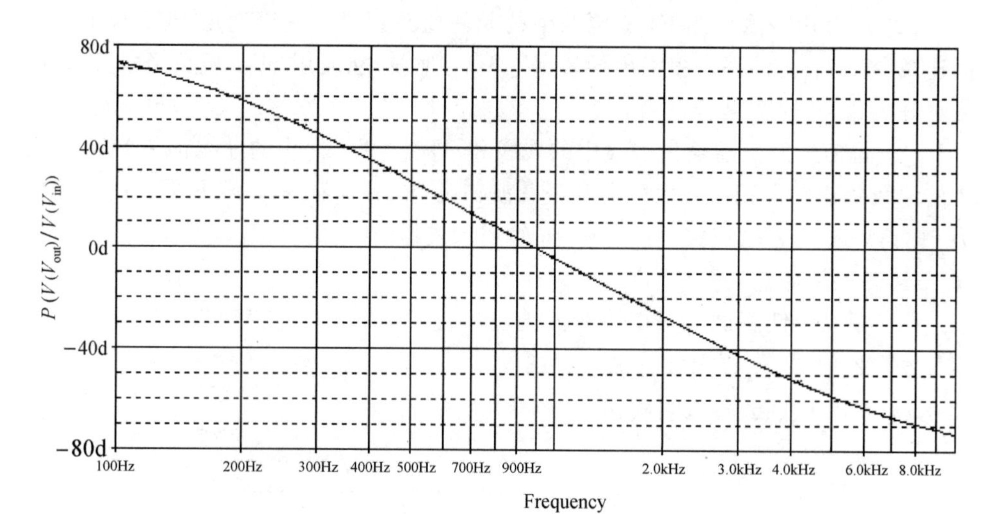

图 E1.5　相频特性曲线

五、实验内容

(1) 焊点训练。在通用 PCB 板上首先练习焊接电阻、电容各 2 个。

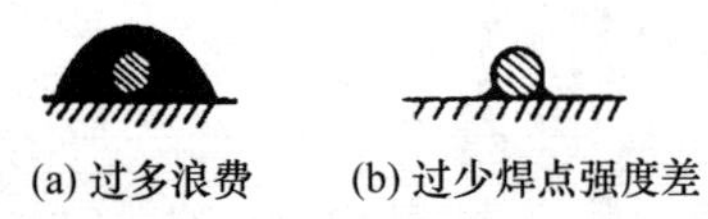

(a) 过多浪费　(b) 过少焊点强度差

(c) 合适的焊锡量合格的焊点

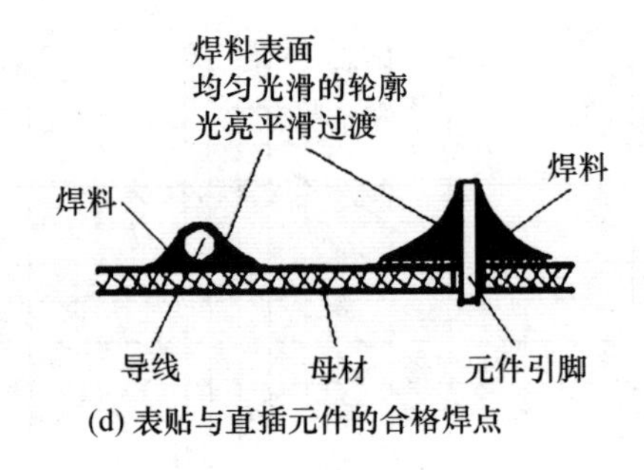

(d) 表贴与直插元件的合格焊点

图 E1.6 焊点训练示意图

将电烙铁插头插入实验桌下方电源插座,加热电烙铁。电源位置的选择应以电源线不影响焊接操作为准。

将轴向引线元件引脚在靠近根部处弯折 90°,从 PCB 元件面穿入,在焊接面焊接。参照第一章介绍的手工焊接方法,焊接完成后用斜口钳将多余的外引线剪除。

(2) 用万用表测量图 E1.3 电路中的元件值并记录。利用通用 PCB 板上已有的连线,将 4 个元件和 3 根引出导线(V_{in},V_{out},地线)在通用 PCB 板布局,确认正确后焊好电路,并检查是否正确。

(3) 将信号发生器输出引线中的地线和示波器两个探头的地线都与 PCB 上引出的地线相连。设置信号发生器为正弦波输出,$V_{pp}=3$ V(示波器测量到的峰峰值为 6 V),$V_{offset}=0$ V,连接到 V_{in}点。同时用示波器 CH_1 监测 V_{in},CH_2 监测 V_{out},选择 CH_1 为触发源。

(4) 幅频特性测试。保持正弦波输出幅度不变(每次改变频率后都需要微调信号发生器的 V_{pp}使得示波器测量到的 V_{pp}为 6 V),改变输入频率 $f_{in}=100$ Hz～10 kHz,测量 V_{out}随 f_{in}值的变化值(多测几个数据)。

f_{in}	100 Hz	200 Hz	…	…	…	1 kHz	…	…	…	…	10 kHz
V_{out}											

① 根据数据，分析输入频率 f_{in} 为多少 Hz 时，V_{out} 与 V_{in} 的比值最大，最大值为多少？

② 画出 $f_{in}=f_0$ 处的 V_{in} 与 V_{out} 的波形图。

(5) 相频特性测试。保持正弦波输出幅度不变，改变输入频率 $f_{in}=100$ Hz～10 kHz，测量输出 V_{out} 相对于输入 V_{in} 的相位移动值(多测几个数据)。

f_{in}	100 Hz	200 Hz	…	…	…	1 kHz	…	…	…	…	10 kHz
Δt											
$\Delta\phi$											

① 分析当输入频率 f_{in} 等于多少 Hz 时，V_{out} 与 V_{in} 的相位移动值等于零度。

② V_{out} 相对于 V_{in} 的最大相位移动值范围为正负多少度？

六、注意事项：

(1) 示波器在使用之前需要校准，并注意示波器探头共地；

(2) 为保证测量精度，调整示波器横向时间刻度，屏幕中最好显示 1～2 个周期的波形，调整示波器纵向电压刻度和波形位置，使得波形幅度显示尽可能接近满幅；

(3) 使用手动测量时间差时，为保证测量精度，需标记两个波形的零点而(与 X 轴的交点)非极点；

(4) 在测量 V_{in} 与 V_{out} 之间的幅度及相位关系时，为准确描绘顶点，需要增加在顶点附近的测量频点。

七、思考题

(1) 如何认识焊接质量在电子工程技术中的重要性？

(2) 通过本实验说出保证焊接质量的技术要领有哪些？

(3) 如何用示波器的游标(光标)法，正确测量 V_{out} 与 V_{in} 的相移？

(4) 如果你的实验结果与理论误差较大，分析可能的影响。

八、安全事项

(1) 小心不要把手触摸到加热中的电烙铁头以免烫伤皮肤。

(2) 特别注意不要让加热中的电烙铁碰到或烫烧到电烙铁自身的 220 V 电源线上，以免发生短路跳闸和触电的人身安全事故。

(3) 每次来实验室使用电烙铁前，要检查电烙铁自身的 220 V 电源线外皮是否有被烫烧露出内导线，发现露出内导线或被烫烧厉害的不要再插电使用，要立即进行处理。

注意 考虑到贴片和再流焊的时间，实验二的表面贴装流水线工艺会穿插在本实验过程中。

实验二　表面贴装流水线及 FM 收音机安装调试

一、实验目的

(1) 认识表面贴装元器件,包括电阻、电容、晶体管、集成电路等。

(2) 学习表面贴装工艺、贴装方法和须注意的问题。

(3) 进行表面贴装流水线的实际操作,熟悉工艺流程。

(4) 安装调试收音机,实现带照明灯收音机的功能。

二、实验器材

(1) 表面贴装流水线、元器件、再流焊炉;

(2) 手工焊接练习实验印刷电路板 1 块,0805 封装贴片元器件 2 只;

(3) 带照明灯的元器件与材料清单。

具体元件清单如表格 E2.1 所示。

表 E2.1　元器件清单

标号	规格	数量	封装	SMT	THT
U_1	RDA7088/GS1299	1	SOP16	√	
R_1,R_2	10 kΩ	2	0805	√	
R_3	1.2 kΩ	1	0805	√	
C_1,C_2	100 μF	2	3528	√	
C_3,C_4	0.1 μF	2	0805	√	
C_5	22pF	1	0805	√	
L_1,L_2,L_3	10 μH	3	1206	√	
Q_1	9013	1	SOT23	√	
X_1	32768Hz 晶体	1	8038	√	
D_1,D_2	1N4148	2	DO-35		√
D_3	红色 LED Φ3 mm	1			√
D_4,D_5,D_6	白光 LED Φ5 mm	3			√
S_1,S_2,S_3,S_4,S_5	按钮开关 4.5×4.5×4.8 mm	5			√
S_6	单刀双掷拨动开关	1			√
J_1	立体声耳机插座 Φ3.5 mm	1			√

续表

标号	规格	数量	封装	SMT	THT
收音机电路板		1			
立体声耳机	Φ3.5 mm	1			
自攻螺丝	Φ2×5 mm	2			
7 号电池片	正极片、负极片、连接片	1			
收音机外壳	前盖、后盖、电池盖、开关帽、按钮	1			
7 号电池(自备)		2			

三、预习要求

1. *表面贴装技术*

随着电子产品应用领域的快速拓展,电路的整体和元器件的小型化越来越受到重视,元器件大多采用表面贴装元件(Surface Mounted Component,SMC)和表面贴装器件(Surface Mounted Devices,SMD),SMC/SMD 与 PCB 的连接必须采用表面贴装技术(Surface Mounting Technology, SMT)。与传统的插装工艺及引脚元件相比,采用 SMT 和 SMC 可以大大减小电子产品的体积,同时提高了成品率、可靠性和抗干扰能力等。SMT 已经发展成现代电子产品生产的主流技术。

目前,SMC/SMD 和 PCB 一直处于不断的小型化进程中。SMC 小型化的发展趋势是从 0805→0603→0402→0201。当前我们较常用的是 0603 封装形式(边长:1.5 mm×0.75 mm)和 0402 封装形式(边长:1.0 mm×0.5 mm)。本实验中手工贴装采用 0603 封装形式的元件。现在的电子专业加工中,SMT 主要生产设备包括印刷机、点胶机、贴装机、再流焊炉和波峰焊机,辅助设备包括检测设备、返修设备、清洗设备、干燥设备和物料存储设备等。SMC/SMD 靠 SMT 把它们贴装在 PCB 板上。我们在实验中则采用手工贴装。表面贴装元器件的焊接有波峰焊和再流焊两种常用的方式。

(1) 波峰焊。波峰焊流程示意图如图 E2.1 所示。

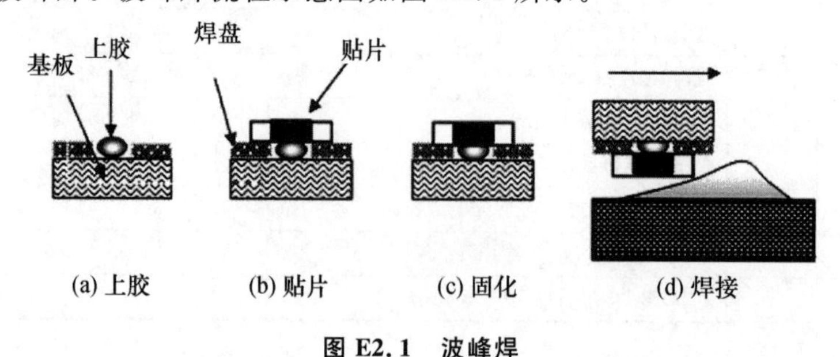

图 E2.1　波峰焊

(2) 再流焊。再流焊流程示意图如图 E2.2 所示。

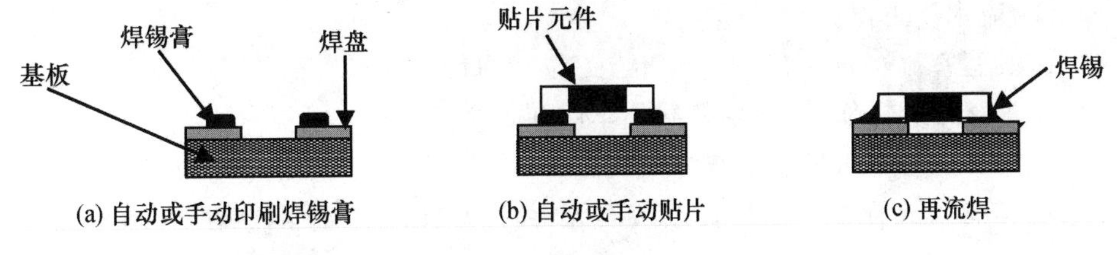

图 E2.2 再流焊

在本实验中,我们采用再流焊方式,锡膏用于表面贴装元器件的引脚或端子与焊盘之间的连接。由教师用模板将焊锡膏印刷在需要的焊盘上。做实验的学生则根据自己所在工位,将相应的元器件贴在正确位置。注意要将元器件的焊接引脚,贴在所对应焊盘的焊锡膏上,并注意位置方向和用力大小。经过所有工位完成全部贴片后,由各对应工位同学负责检查,包括贴片是否正确,有无错贴和漏贴,位置是否正确,用镊子矫正不合格的贴片。检查完成后由教师统一放入再流焊炉。经再流焊炉加热,熔化焊锡膏,实现元器件的焊接。

焊接完成后,电路板发给每个同学。同学们在拿到焊好的电路板以后,检查焊接情况,可以通过对焊点的观察,判断焊接质量是否合格,如图 E2.3 所示。对不合格的情况,应该手工进行修正。

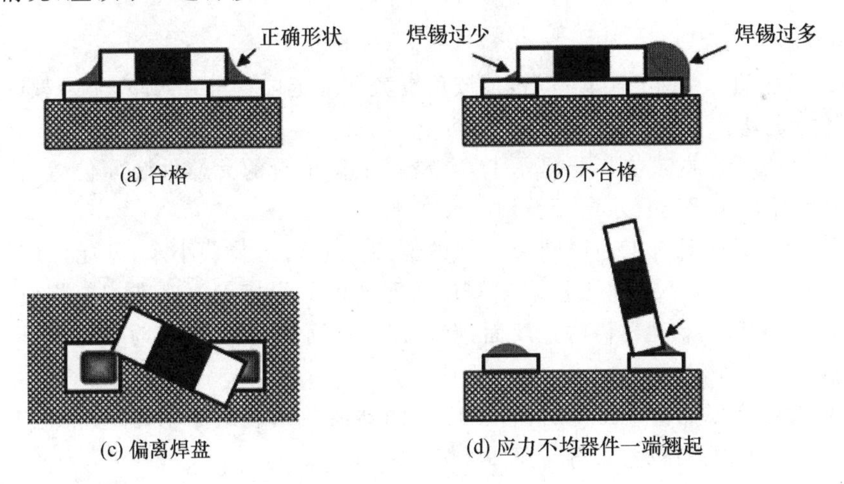

图 E2.3 矩形贴片焊点形状

2. 表面贴装流水线操作规程

流水线的组成如图 E2.4 所示。

(1) 传输线。传输线的功能是将所要贴装的工件传输到每一个工位。传输线上有 14 个工件装载小车,对应 14 个工位。整个传输系统由可编程控制器(Pro-

gramable Logic Controller,PLC)控制,将工件依次传送到每个工位。

(2) 流水线工位。

① 实验室流水线共有 14 个工位,工位前为传输线;

② 进行贴装操作时,工件装载小车停在每个工位前;

③ 每个工位有 1 把镊子作为贴装工具,另有 1～2 个容器;

④ 容器内放置本工位负责贴装的元器件:电阻、电容、晶体管、集成电路等。

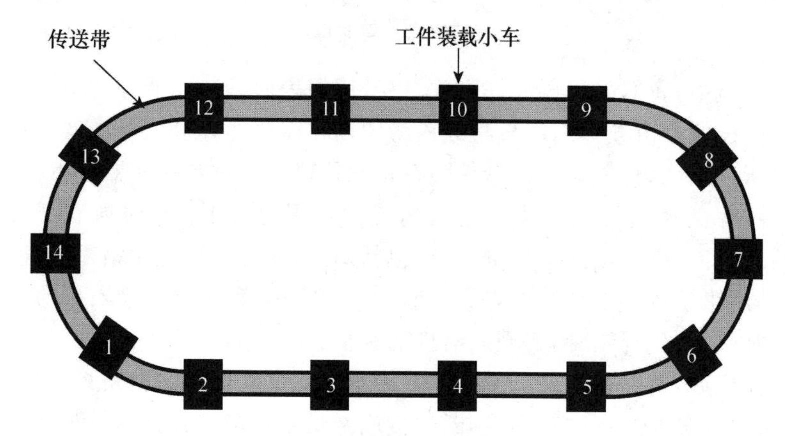

图 E2.4 表面贴装流水线

(3) 操作规程。

① 学生进入 SMT 实验室后,请按负责教师指定位置对号入座,未经教师允许不得随意走动。

② 认真读懂本工位装配提示卡,弄清本工位负责的元器件装配位置,检查容器中的元器件是否与提示卡相符。

③ 检查无误后将工件连同装工件的器皿一起取出装载小车,开始贴装,注意在整个贴装过程中不得将工件取出器皿。元器件的焊接点要对准相应焊盘,贴装位置必须正确,注意元器件的正反面,有标识的一面是正面;贴装时要对准部位,避免歪斜。

④ 贴装完成并检查无误后,将工件连同器皿放入装载小车,并按前上方黄色按钮表示本工位操作完成,等待下一个工件的操作。

⑤ 在按动黄色按钮后,如发现操作错误,需要重新贴装,则需再按下黄色按钮并持续 3 s 以上,系统将取消先前的完成信息。本工位将可重复③、④的操作。

⑥ 14 个工位全部完成后,蜂鸣器的提示音响起,红色信号灯闪烁,装载小车向下一个工位前进,此过程中不得再触动工件。

⑦ 小车运行到位后,绿色指示灯亮,各工位可以进行下一个工件的操作。

⑧ 工件经 14 个工位全部贴装完成后,整个装配工作结束。

在装贴完成后，每个工位负责检查最后到达本工位的电路板，首先观察有无漏贴，或摆放位置不正确。如果漏贴，需要报告指导教师，并请相应工位同学补贴。对于装贴歪斜或传送中出现移位的，可以用镊子进行修正，以保证焊接质量。检查完成后，根据指导教师的安排，将贴好的电路板按顺序交给教师，放入再流焊炉，加热焊接。

焊接完成后，指导教师把焊接好的电路板发还给学生，每个学生在拿到焊接好的电路板后，应首先检查焊接是否完全符合要求。如果有焊接缺陷，可以在指导教师的指导下进行修正，以保证整个电路能够正常工作。

四、实验原理

本收音机采用的芯片 RDA7088/GS1299 是集成了频率合成器、中频选择器和解调器的单片 FM 立体声广播接收电路。此芯片采用 CMOS(互补金属氧化物半导体)工艺，只需要极少的外围元件。芯片封装为 SOP16，外围电路完全无须调节。芯片内部具有功能强大的低中频数字音频处理器，使其在各种接收条件下都能获得最适宜的良好音质，电路如图 E2.5 所示。

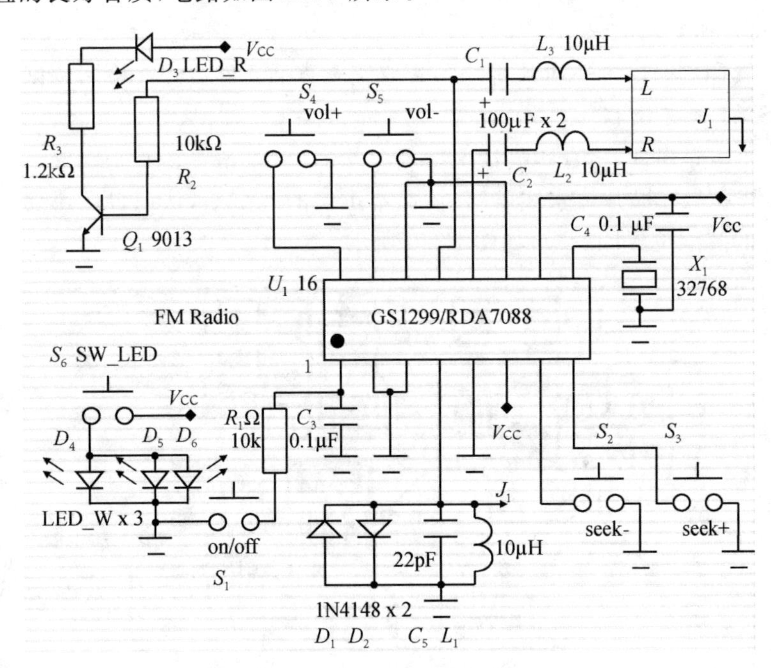

图 E2.5　带照明灯的收音机原理图

芯片 1 脚为电源开关，2、3、5、11、14 脚为接地端，6、10 脚为电源端，4 脚为 FM 信号输入端，9 脚为 32 768 Hz 时钟输入端，7、8 脚用于搜索电台，15、16 脚用于调节音量，12、13 脚输出解调的 FM 立体声音频信号驱动耳机。

本电路中 D_1、D_2 用于 FM 信号输入端限幅，C_5、L_1 用于选频，同时 L_1 还是耳机的音频信号通路，X_1 与芯片内部电路构成参考时钟，S_1～S_5 分别用于控制电源开关、搜索电台、调节音量。C_1、C_2 采用 100 μF 钽电解电容作为音频输出隔直电容。因使用耳机线作为天线，L_2、L_3 可防止高频信号被旁路。R_2、Q_1、R_3 和 D_3 是收音机电源指示电路。S_6 和 D_4～D_6 构成手电筒照明电路。

该产品特点如下：

(1) 采用 CMOS 工艺的 FM 立体声收音机集成电路，内置耳机驱动电路。

(2) 采用按钮开关控制电源、频道和音量，外围电路简单。

(3) 采用频率为 32 768 Hz 的晶体，不需要电感线圈。

(4) 电源电压范围 1.8～3.6 V，FM 接收频率范围 76～108 MHz。

(5) 噪声小，数字自动增益控制。

(6) 采用三根高亮白光二极管用于照明。

五、实验内容以及安装工艺

1. 收音机安装流程

焊锡膏印刷→贴片→再流焊→检查修正→直插元件装焊→检测调试→总装。

2. SMT 工艺流程

(1) 丝印焊锡膏，检查印刷情况。

(2) 按座号在贴片流水线就座，读懂本工位的装配卡，认识自己所要贴的元器件和相应的装配位置印刷板，如图 E2.6 所示。

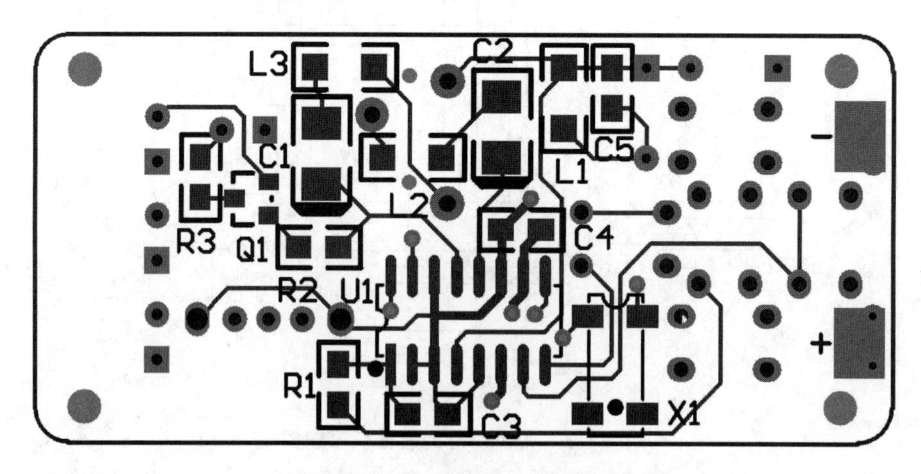

图 E2.6 带照明收音机印刷版

注意事项：

① 用手拿玻璃盘，不要用手直接拿电路板，以免破坏焊锡膏。

② 贴片元器件用镊子拾取，不要用手拿。

③ 贴片电阻、三极管、晶体和芯片的字符朝上，U1、C1、C2和X1注意标记方向。C1和C2元器件一端的粗线标记为正极，对应电路板上相应位置斜角粗线标记。U1元件上的圆点标记与电路板上相应位置的圆点标记对应。X1元件上的半圆缺口和圆点标记与电路板上相应位置的标记对应。

④ 贴片电容C3、C4、C5和电感L1、L2、L3表面无字符，要保证贴到指定位置。

⑤ 贴片电阻、电容的两个引出端分别贴在对应元器件的两个焊盘上。

(3) 从小车上取下装有电路板的玻璃盘，用镊子小心贴好自己的元器件，焊脚对准焊盘和焊锡膏的位置，确认摆放正确后，稍稍用力轻压，使元器件粘到焊锡膏上。

(4) 检查无误后将玻璃盘放回小车，按上方黄色完成按钮。(再次按完成按钮3秒以上可取消完成状态。)

(5) 14个工位全部完成后，蜂鸣器响提示音，红色信号灯闪烁，小车前进到下一工位。

(6) 继续重复贴片，直到电路板上所有贴片元器件贴完。

(7) 检查所有贴片元器件，必要时进行补贴或修正。确认无误后将装有电路板的玻璃盘按顺序交给老师进行再流焊。

3. 安装焊接THT分立元器件

(1) 检查电路板上的SMT元器件焊接是否完全符合要求。若有缺陷，在老师的指导下进行修正。

(2) 按前面的元器件清单检查THT工艺所需元器件，仔细分辨品种和规格，清点数量。

(3) 请严格按照下列顺序焊接元器件，具体焊接位置如图E2.7所示。

(4) 用万用表识别二极管D1、D2的极性，电路板上白色粗线标记为负极。将D1和D2从电路板元器件标记面插入，使得元器件尽量贴板，在另一面焊接。

(5) 将S1～S5 5只按钮开关从元器件标记面插入到电路板中，使得元器件尽量贴板，在另一面焊接。(贴板焊接小技巧：先只焊元器件的一个引脚，然后重新熔化此焊点，同时用手指在电路板下方顶住元器件，使其尽量贴板。待焊点凝固后检查元器件贴板情况。)按钮开关引脚稍长，焊接一只后及时剪掉出头的引脚，以免影响剩余开关的焊接。

(6) 将耳机插入到耳机插座J1中，然后贴板焊接J1。

(7) 用3 V稳压电源识别白光二极管D4～D6的极性，将其引脚从根部弯折

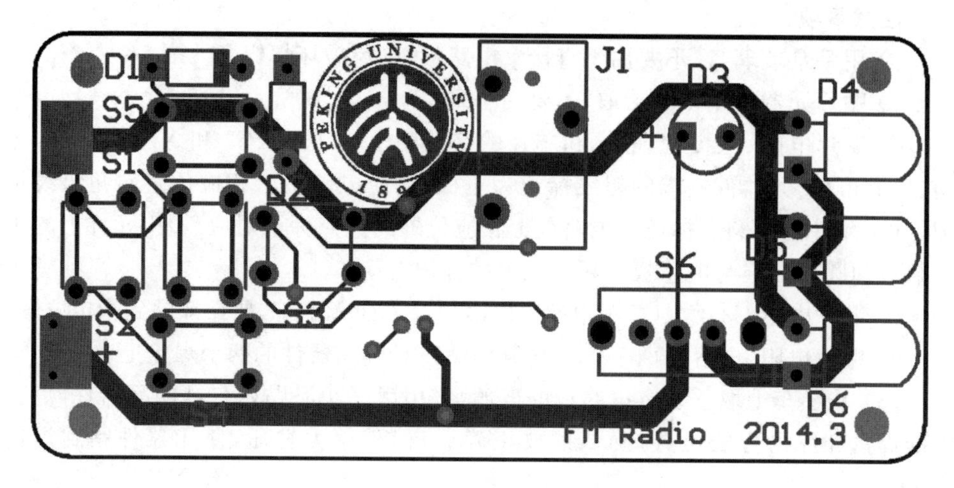

图 E2.7 带照明收音机印刷版

90°,然后插入电路板贴板焊接,发光管头部约 1/5 部分露出电路板,之后贴板焊接拨动开关 S6。

(8) 用万用表分辨红色发光二极管 D3 的极性,然后插入电路板,先不焊接。检查电路板上是否有焊点短路和其他未焊引脚。确认无误后,调正 D4～D6 的位置,将电路板用螺丝固定在收音机前盖相应位置,调节 D3 高度与外壳平齐后焊接。

(9) 用尖嘴钳将电池片正极片和负极片引出端向外弯折 180°成倒 J 形(缝隙 2 mm),使其能同时插到电池片槽和电路板相应的槽孔中,确认极性正确后将其焊接牢固。

4. 调试与装配

(1) 松开电路板螺丝,取下电路板。调节稳压电源到 3 V,连接到电池片,注意极性。

(2) 按下 S1、D3 应发光,插入耳机,按 S2、S3 调节电台,S4、S5 调节音量。将 S6 向前拨,D4～D6 发光,将 S6 向后拨,D4～D6 熄灭。

(3) 再按一次 S1、D3(缓慢)熄灭,收音机关闭。在电源或电池未断开的情况下,下一次开启时可重现关闭前的电台和音量设置。

(4) 将万用表电流挡串联在稳压电源和电池片之间,测量并记录以下情况的电源电流。

注意:多种万用表使用电流挡时,红表笔插孔的位置与电压、电阻挡不同。

① 白色发光管熄灭,收音机关闭;

② 白色发光管点亮,收音机关闭;

③ 白色发光管熄灭,收音机开启;

④ 白色发光管点亮，收音机开启。

(5) 将万用表红笔头重新插到电压孔、电阻孔，测量收音机开启时 C1、C2 正极对地电压。

(6) 断开稳压电源，将 5 个按钮放入前盖内侧相应开孔处，开关帽套在拨动开关上，用螺丝固定电路板。将电池连接片正确安装，扣上后盖，装上自备的 2 节 7 号电池，焊接好的电路板与机壳如图 E2.8 所示。

(a) 电路板

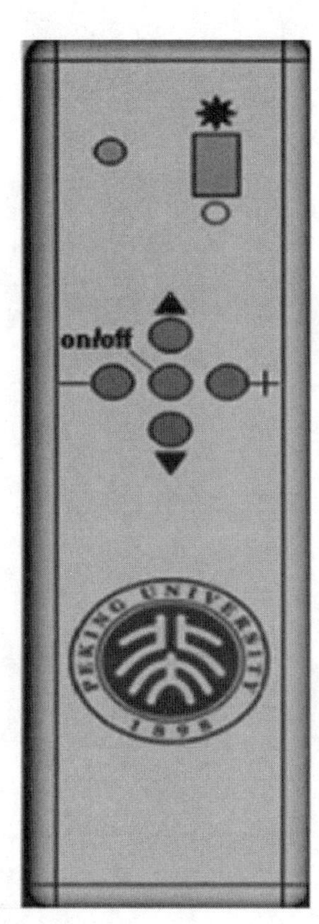

(b) 机机壳

图 E2.8　带照明收音机示意图

5. (选做)手工焊接贴片元器件

先只在贴片元器件的一个焊盘上熔化适量的焊锡，待其凝固；用镊子夹住贴片元器件的中部，在 PCB 上平移到接近焊盘处，另一只手持烙铁重新熔化此焊盘，将贴片元器件平推到位，然后撤去电烙铁，待焊锡凝固后撤去镊子；最后用焊锡丝焊接另一焊盘。

六、思考题

(1) 表面贴装元器件有什么特点,在焊接和具体应用中有什么优越性?

(2) 元器件贴装时应注意哪些问题?

(3) 表面装贴电路焊接容易出现哪些问题,应怎样检验和处理?

实验三　简易电子门铃

一、实验目的

(1) 了解集成电路元器件各管脚名称和在原理图中的表示法,学会看电路图。

(2) 进一步学习使用万用表、信号发生器和示波器等仪器来调试和测试电路。

(3) 学习在实验板(面包板)上实现数模混合的简单电路系统。

二、实验仪器及元器件

(1) 实验仪器:直流稳压电源、示波器、信号发生器、万用表、实验电路板、喇叭。

(2) 元器件:实验所需元器件如表 E3.1 所示。

表 E3.1　简易电子门铃元器件列表

器件名	型号	数量
时基振荡器	NE555	2
低电压功率放大器	LM386	1
三极管	9014	1
	9015	1
电阻	1 kΩ	3
	2.2 kΩ	3
	10 kΩ	1
	100 kΩ	3
	100 Ω	1
变阻器	5 kΩ	1
电容	0.01 μF	2
	1 μF	1
	10 μF	6

三、实验原理

1. NE555 时基振荡器

NE555 时基振荡器采用 8 脚 DIP 封装,常用作报警电路、定时或延迟电路、无稳态多谐振荡器等。最大输出电流为 200 mA，复位电压小于 0.4 V，复位电流小于 0.5 mA，最大输出频率 300 kHz，输出上升时间小于 150ns，时间误差 5%。在能够产生精确时延或者振荡的单稳态定时电路中，时间间隔可以通过一个外部的电阻和电容来控制。在非稳态的操作模式下，频率和占空比可以独立地通过两个外部电阻和一个外部电容来控制。阈值电压和触发电压分别是 V_{CC} 电压的 2/3 和 1/3，它还可以通过控制电压端来改变。

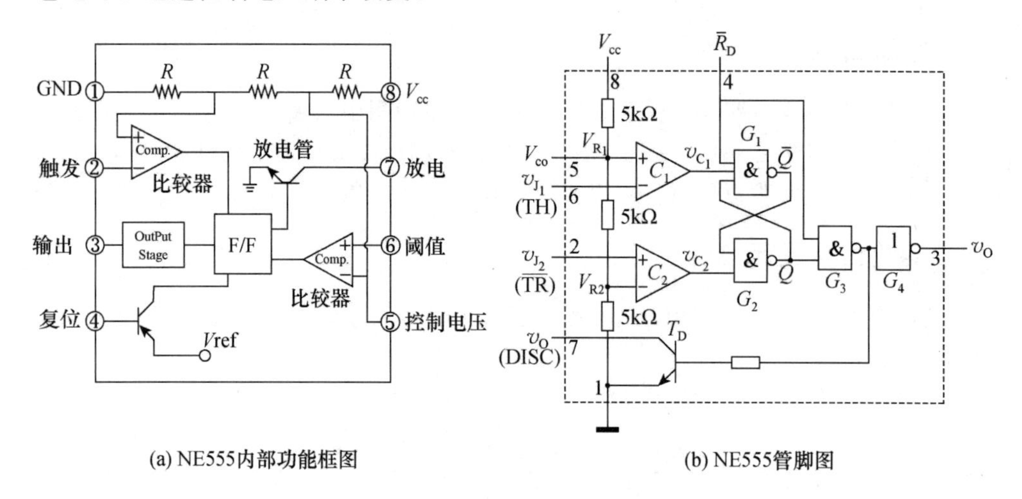

图 E3.1 NE555 的管脚图和内部结构图

NE555 电路内部含有一个电阻分压网络，它提供 $2V_{CC}/3$ 和 $V_{CC}/3$ 电压作为比较器 C_1（称为上比较器）和 C_2（称为下比较器）的比较基准，两个比较器的输出分别作为与非门 1 和 2 的复位(R)和置位(S)信号，以控制由门 1 和门 2 构成的 R-S 触发器状态，R-S 触发器的输出，一路控制输出，另一路控制放电晶体管 TD 的通和断，R-S 触发器另有一个主复位端“4 脚”MR 端，只要将此端置于逻辑“0”电平，此时“3 脚”输出端 v_o=“0”，不受比较器 C_1 和 C_2 状态影响，为优先复位端。如 R-S 触发器的置位和复位不是通过 C_1 和 C_2 的输出来进行控制，而是直接用数字信号“1”和“0”来控制。此时的数字电路，由于内含两个比较器，因而可以接入模拟信号电平，输出的数字信号电平进入数字电路 R-S 触发器，在其输出端“3 脚”输出为数字电平，从而可将模拟信号转换为数字信号输出，因此它是模拟集成电路。在接口电路中可将输入的检测信号，经比较后转换为数字信号推动后级电路。

NE555 用作非稳态的一个典型电路如图 E3.2 所示。图中电容 C 通过 R_A 和 R_B 充电，而只通过 R_B 放电，阈值电压和触发电压分别是 V_{CC} 电压的 2/3 和 1/3。因此，可以通过 R_A 和 R_B 的值来控制占空比，并且充放电的时间与提供的电压无关。

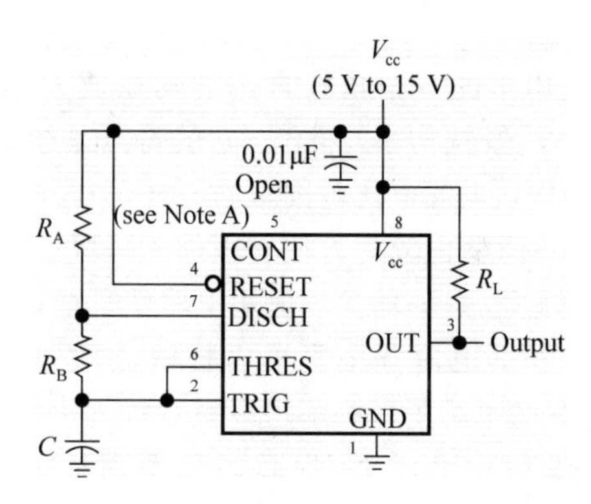

图 E3.2　NE555 用作非稳态的一个典型电路图

非稳态情况下的波形如图 E3.3 所示。输出高电压的持续时间 t_H 和低电压的持续时间 t_L,可以根据下面的公式来计算：

$$t_H = 0.693(R_A + R_B)C, \quad t_L = 0.693(R_B)C。$$

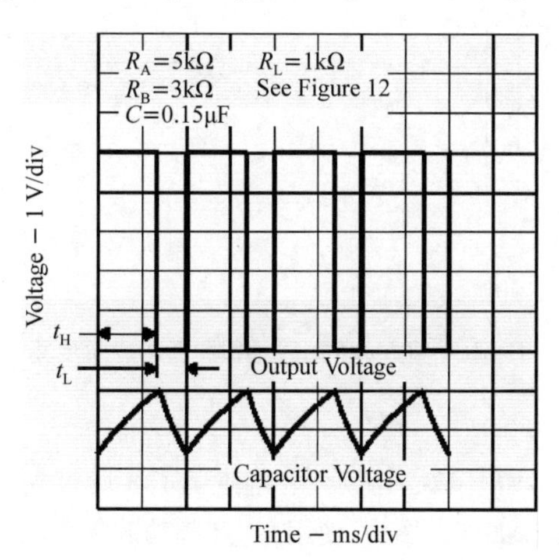

图 E3.3　非稳态情况下的波形

其他一些有用的关系是：

周期 $T = t_H + t_L = 0.693(R_A + 2R_B)C$,频率 $f = \dfrac{1.44}{(R_A + 2R_B)C}$

输出驱动占空比 $= \dfrac{t_L}{t_H + t_L} = \dfrac{R_B}{R_A + 2R_B}$,输出波形占空比 $= \dfrac{t_H}{t_H + t_L} = 1 - \dfrac{R_B}{R_A + 2R_B}$

高低比 $= \dfrac{t_L}{t_H} = \dfrac{R_B}{R_A + R_B}$

2. LM386 功率放大器

LM386 是低电压应用中的一个比较常用的功率放大芯片，如图 E3.4 所示。LM386 电源电压 4～12 V，音频功率 0.5W。它的特点是频响宽（可达数百千赫）、功耗低（常温下为 660 mW）、电源电压范围宽（4～16 V）。此外，该芯片外接元器件少，使用时不需加散热片，调整也较为方便。因而 LM386 得到了广泛应用。其增益在内部被设置为 20，图 E3.4(b)的简单应用电路就是增益为 20 的情形，但是，在管脚 1 和 8 之间附加的外部电阻和电容可以将增益从 20 倍提高到 200 倍。图 E3.4(b)中 10 kΩ 的可变电阻是用来调整扬声器音量大小的，若直接将 V_{IN} 输入即为音量最大的状态。在 6 V 电压下，静态的功率消耗只有 24 mW，这就使得 LM386 是电池用品的首选芯片。

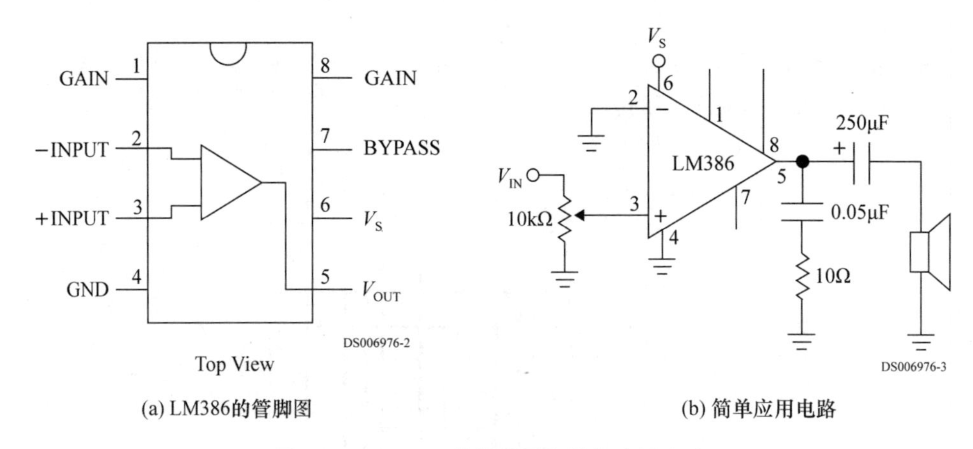

(a) LM386的管脚图 (b) 简单应用电路

图 E3.4 LM386 的管脚图和简单应用电路

3. 简易电子门铃

简易电子门铃电路如图 E3.5 所示，电路使用了 3 块集成电路，2 个 NE555 时基振荡器，1 个音频功放 LM386。图中，使用 U_2 音频功放集成电路 LM386 放大音频信号驱动喇叭发声。对于 LM386 功放电路来说，前面的 R_{w_1} 滑动变阻器可以调整分压的大小，放大器的电压增益就为默认的 20（注意：在管脚 1 和 8 之间增加一个外接电阻和电容，便可将电压增益调整为任意值，直至 200）。同时注意 C_7 和 R_8 的滤除高频分量作用。使用 U_3(NE555P)产生音频信号（占空比大于 50％的方波），信号频率为 200～300 Hz，此频率决定铃声音调的高低。U_1(NE555P)产生占空比很大的矩形波，其高电压时间大约为 1～2 s，而低电压的时间只有 10～20 ms，很窄的负脉冲加在三极管 Q_1(9015 PNP 管)的基极，Q_1 导通时间很短，给电容 C_3 充电，U_1 产生负脉冲的间隔为 1～2 s，控制铃声的间隔。对于 U_1 来说，高低电平的时间比例分配是由 R_1 和 R_3 决定的，后面接的 2 个三极管起开关作用。

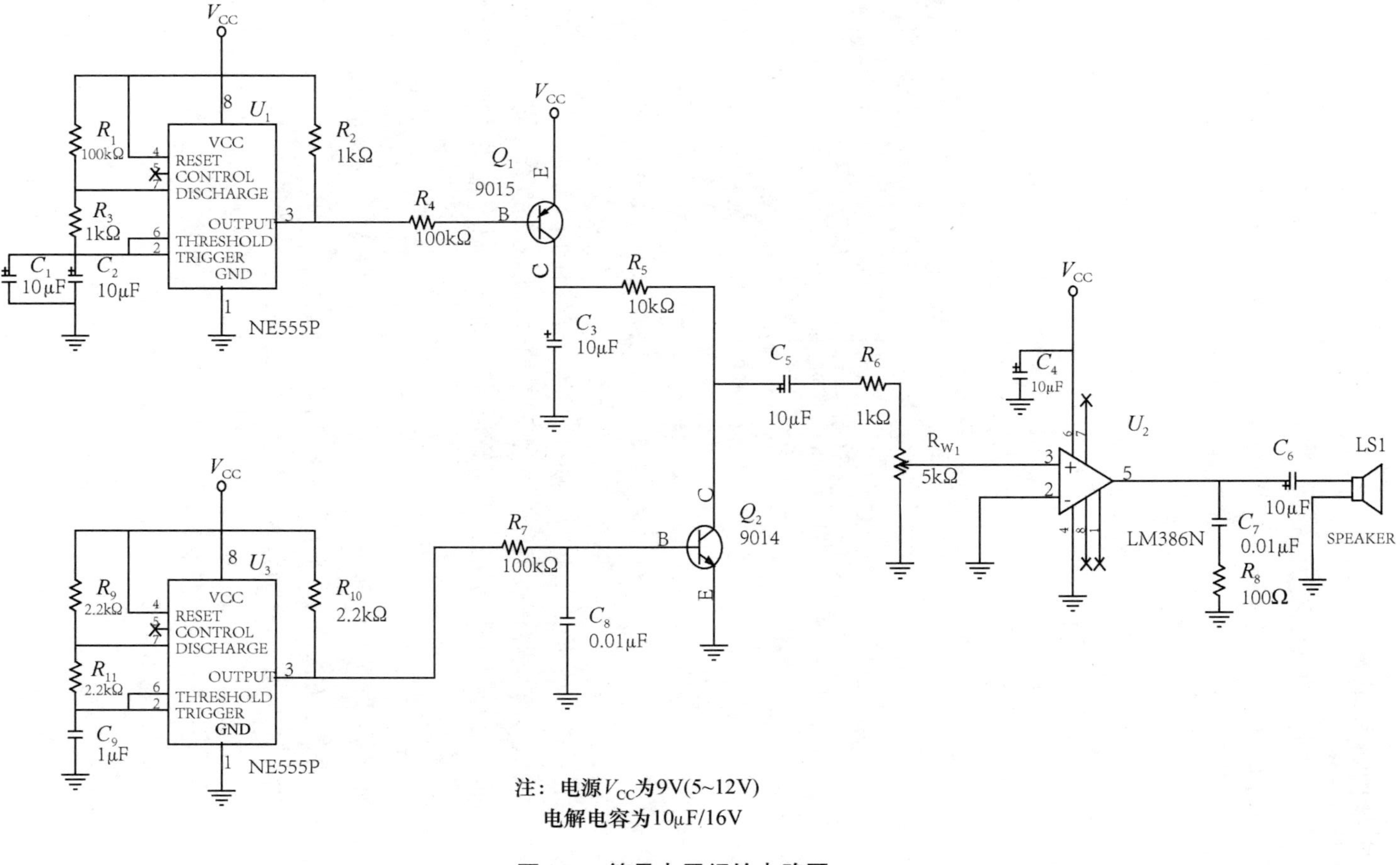

注：电源V_{CC}为9V(5~12V)
电解电容为10μF/16V

图E3.5 简易电子门铃电路图

四、实验内容与步骤

1. NE555 时基振荡器的测试

观察图 E3.6 的电路图,熟悉所用元器件。注意集成电路的管脚实际排列顺序和电路图中的表示方法的差异;注意电解电容的极性。

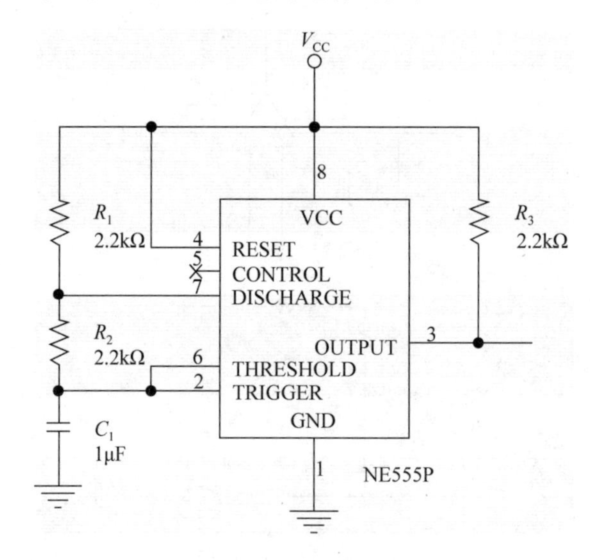

图 E3.6 NE555 时基振荡器的测试电路(V_{CC}=9 V DC)

(1) 如图 E3.6 所示,在面包板上插接元器件,并检查是否正确。

(2) 通电后用示波器测试 NE555 的管脚 2 的输入信号和管脚 3 的输出信号,记录测试的波形,标明信号的幅度,并画出波形图。测试输出信号的占空比并记录结果。

2. LM386 功率放大器的测试

观察图 E3.7 的电路图,熟悉所用元器件。注意集成电路的管脚实际排列顺序和电路图中的表示方法的差异;注意电解电容的极性。

(1) 如图 E3.7 所示,在面包板上插接元器件,并检查是否正确。

(2) 使用信号发生器输出频率为 1 000 Hz,偏置为 0,幅度 100 mV 的正弦波,作为图 E3.7 电路的输入信号,扬声器应该发声。利用示波器测试管脚 3 的输入信号幅度和管脚 5 的输出信号幅度,计算其电压放大倍数。

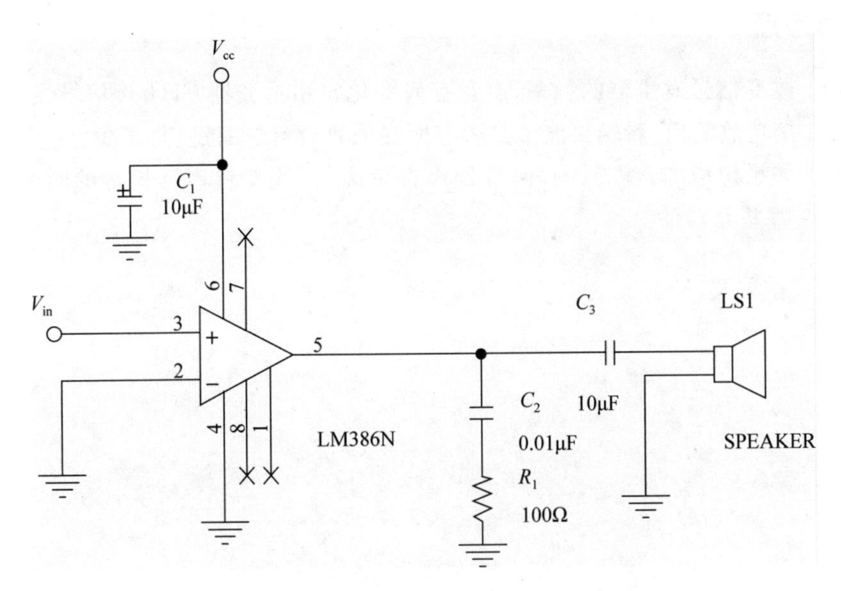

图 E3.7　LM386 音频功放的测试电路($V_{cc}=9$ V DC)

3. 简易电子门铃的测试

(1) 在前述面包板插接的基础上，考虑如何整齐合理的布线，如何易于分析和测试电路。

(2) 使用万用表测量三极管，说明如何判断三极管的类型(NPN 或 PNP)及三极管的管脚。

(3) 观察电路图 E3.5，熟悉所用元器件，注意电解电容的极性，集成电路的管脚排列顺序。

(4) 按电路图在面包板上插接元器件，并检查是否正确，注意面包板的内部连接。

(5) 通电调试。测试各个元器件工作是否正常。(对 LM386 自激振荡的检查：先将电解电容 C_5 的正端与 Q_2 的集电极断开，此时 C_5 的正端就是音频功放的输入端。先将它接地，此时扬声器应不发声，如发声，则说明有自激振荡，应检查 LM386 的电源退耦电容。)遇到门铃不响的同学要学会逐步查找原因。

(6) 门铃正常发声后，做以下测试：测试 U_1(3 脚)、Q_1(C 极)、Q_2(C 极)、U_2(3 脚)、U_2(5 脚)的波形，并画出波形图。

(7) 将 U_1(2 脚)中的 C_1 电容去掉，再做以上测试。

五、思考题

(1) 改变信号发生器的频率,声音有何变化?用示波器 CH1 接信号发生器输出,CH2 接功放输出,看输出波形是否有明显失真,测试相位差是多少?

(2) 如果想增加铃声间隔,调节铃声音量高低,改变铃声延长音的时间,需要分别改变哪些元器件?

实验四　Arduino 平台的基本使用

一、实验目的

(1) 了解 Arduino Uno 开发板的基本开发流程。

(2) 掌握 Arduino 软件编程的基本结构。

(3) 掌握端口输出控制的基本方法。

二、实验器材

(1) 微机；

(2) Arduino Uno 开发板；

(3) 面包板及导线；

(4) 发光二极管 1 个，三色 LED 灯 1 个，无源蜂鸣器 1 个，PNP 三极管 1 个，5.1 kΩ 电阻 1 个，1 kΩ 电阻 4 个，二极管 1 个。

三、预习要求

在做实验之前，请仔细阅读本实验的原理及内容，并先回答如下几个问题：

(1) Arduino Uno 开发板的数字 I/O 端口的输出电压是多少？

(2) Arduino Uno 开发板的数字 I/O 端口中包含"～"标识的管脚有什么特殊意义？

(3) 如何使用 C 程序设计语言将 100 以内的所有奇数打印到屏幕上？

四、实验原理

1. Arduino 简介

Arduino 是一款诞生于意大利的开源软硬件开发平台。最初的设计目的是为了让非相关专业的学生可以在这个平台上进行快速的原型开发和程序设计。经过多年的发展，Arduino 已经获得了非常多的应用，从业余爱好者到科研机构，到处可以看到它的身影。不同领域的开发者使用 Arduino 完成了丰富多彩的创意作品，并利用开源的优势，形成了一个良好的社区环境，使相关技术获得不断地发展。

官方的 Arduino Uno 兼容开发板如图 E4.1 所示，图上标注了复位按钮和两个电源输入，另外开发板上下两侧还各有一列接线插孔，在后续的实验中，这些插孔将提供外接电路所需要的信号和电源，在实验的过程中注意每个插孔上的标号，不要接插错误。

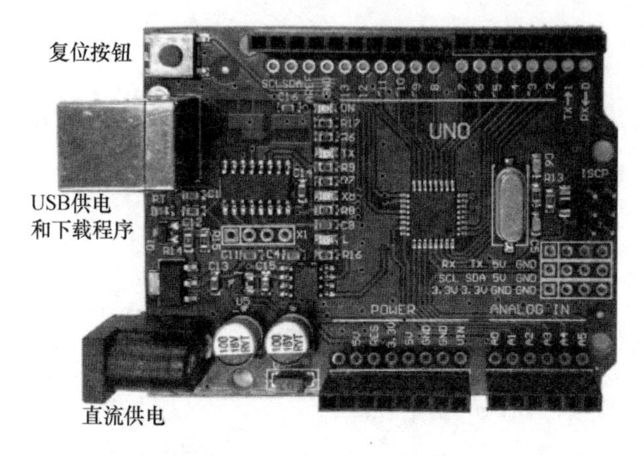

图 E4.1 Arduino Uno 开发板

接线插孔中标注为 GND 的为地线，3.3 V 和 5 V 标号为相应的电源输出，A0～A5 为支持模拟输入的端口(也可以作为数字端口，编号为 14～19)，其他数字标号端口为普通数字端口，可以作为输入或者输出，因此也被称为 I/O 端口。比较特殊的是 0 号和 1 号端口，它们既可以作为普通的 I/O 端口，又可以作为串行通信的端口(参考实验七)，同时还是 Arduino 下载程序的接口，因此在使用上要更加小心，如果不是端口使用紧张，就避免使用。

实验中所使用的硬件与 Arduino Uno 兼容，使用 ATmega328P 作为核心处理器，并包含 20 个数字 I/O 接口，其中 3,5,6,9,10 和 11 支持 PWM 输出，A0～A5 支持模拟输入。

用户使用 Arduino IDE 对开发板进行编程。Arduino Uno 开发板的处理器内部预先被写入了一个固件程序，一般被称为启动加载(Bootloader)，它可以通过 USB 串口和微机软件通信并完成写入和运行程序的功能。因此使用 Arduino Uno 开发板不需要通常开发单片机所需要的额外的硬件(例如编程器或者调试器)就可以进行快速开发，提高了开发效率也降低了开发成本。

Arduino IDE 使用的开发语言与 C 程序设计语言、C++程序设计语言非常类似，语法完全相同，主要的区别在于主程序没有 main()函数接口，而有 setup()和 loop()两个函数接口。顾名思义，setup()函数在程序启动的时候仅运行一次，用来进行系统的初始化，而 loop()函数会不断地被循环调用。整体效果相当于如下的程序代码：

```
main()
{
setup();
```

```
while(1) //死循环
{
loop()函数内容;
}
}
```

在程序代码中,用户可以按照C或C++程序设计语言的语法,根据实际需要添加变量和函数等。Arduino自己定义的一系列函数,也可以直接在代码中使用,在后续的实验中会陆续介绍。

2. Arduino IDE的基本使用

Arduino IDE是使用Java程序设计语言编写的跨平台开发工具,该工具可以在Arduino官方网站下载安装或者直接在应用市场中查找安装。软件的大部分功能与常规的集成开发环境类似,从菜单命令的名字就可以猜出它的用法。

当官方Arduino Uno开发板被接入系统之后,微机软件会自动识别该硬件并做好相应的设置。

为了检测硬件连接是否正常,可以使用软件自带的例子对开发板进行测试。这些例子可以从文件菜单的示例子菜单中选择。在“01. Basics”子菜单下选择“Blink”示例,打开一个新窗口并显示示例的代码。使用项目菜单中的“上传”功能将程序加载到开发板。对于没有编译的程序,软件会先编译再上传,用户可以在软件下面的信息窗口看到编译和上传的结果。上传成功以后,可以看到开发板上标号为“L”的LED灯将以0.5Hz的频率闪烁。

如图E4.2所示,在Arduino IDE的菜单项下方,还有5个快捷按钮,功能分别是“验证”(实际就是检查语法并编译的过程)“上传”“新建”“打开”和“保存”。同样的功能还可以通过相应的快捷键实现。

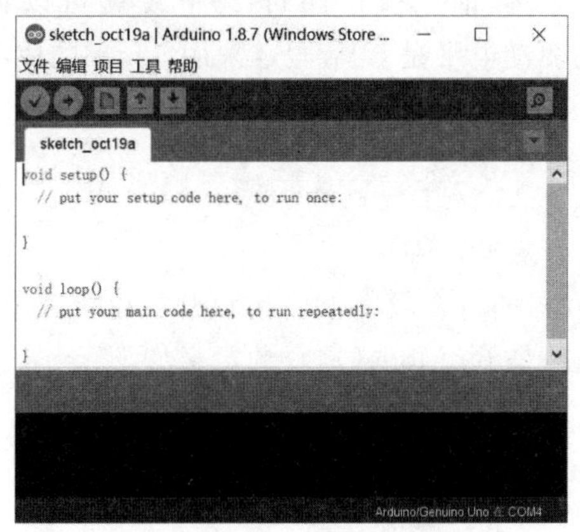

图E4.2 Arduino IDE界面

3. 数字输出端口的基本使用

Arduino Uno 开发板的数字 I/O 端口灵活，应用广泛，可以作为各种数字量的输入和输出。本次实验主要利用 Arduino Uno 开发板的输出功能实现各种典型数字控制模块的使用，了解常见的数字电路驱动方法。

4. 发光二极管的使用

发光二极管(LED)是一种常见的电子元器件，常用于状态指示。LED 的使用比较简单，只需要注意 3 点：压降、接入电流方向、电流大小。

对于直插型的 LED，压降的大致范围如表 E4.1 所示。

表 E4.1 常见发光二极管电压降

颜色	压降
红色	1.63～2.03 V
黄色	2.03～2.10 V
绿色	1.9～4.0 V
蓝色	2.48～3.7 V
紫色	2.76～4.0 V

直插型 LED 的两根引线中较长的一根为正极，应接电源正极。有的 LED 的两根引线一样长，但管壳上有一凸起的小舌，靠近小舌的引线是正极。一般小功率通用型 LED 的最大工作电流为 25 mA 左右，多数的 LED 在电流为 5 mA 左右就可以获得比较好的亮度。为了保证 LED 能够可靠稳定的工作，很多场合都要采用一定的恒流技术来驱动 LED 器件。

对于 Arduino Uno 开发板的数字 I/O 端口，可以满足驱动 LED 的电流要求，只要串联一个限流电阻，保证电流不超过 20 mA 就可以了。例如对于红色的 LED，数字 I/O 端口的驱动电平是 5 V，假定采用 3 mA 的驱动电流，那么所需要的电阻大小为

$$R=\frac{U}{I}=\frac{5\ \mathrm{V}-2\ \mathrm{V}}{0.003\ \mathrm{A}}=1\ 000\ \Omega$$

5. 数字 I/O 端口的基本用法

Arduino Uno 开发板的每个数字 I/O 端口都可以单独地被设置为输入或者输出状态，完成设置的函数是 pinMode()，它的定义如下：

```
pinMode(pin,mode)
```

pin：需要设置的端口号；

mode：可以取值为 INPUT，OUTPUT，INPUT_PULLUP，分别代表输入、输出和带上拉电阻的输入。

Arduino Uno开发板的数字I/O端口缺省是输入状态，例如要把13号端口设置为输出，需要用下面的代码：

```
pinMode(13,OUTPUT)
```

用digitalWrite()函数可以改变输出端口的电平，函数定义如下：

```
digitalWrite(pin,value)
```

pin：需要设置的端口号；

value：可以取值为HIGH或者LOW，分别代表输出高电平和低电平。

由于数字I/O端口的驱动电流有限(对于Arduino Uno是20 mA)，当需要更大的电流驱动的时，就必须使用电流放大器件如三极管进行驱动。

当数字I/O端口是输入状态时，可以用digitalRead()函数来读取端口的电平状态：

```
digitalRead(pin,value)
```

pin：需要设置的端口号；

value：可以取的值为HIGH或者LOW。

6. 使用PWM控制输出功率

数字I/O端口的输出只能是HIGH和LOW两种状态，用来控制LED就只有亮和灭，如果这个连接了LED的端口输出一个方波，则这个LED就有一半的时间处于亮的状态，另外一半时间处于灭的状态。当方波的频率比较高的时候，人眼不能对亮暗的交替变化做出反应，这个LED就是一种半亮的状态。

更进一步，当控制输出的方波有不同的占空比的时候，LED就会有不同的亮度，从宏观上看就是端口的输出功率在不停地变化，这种输出信号的形式就叫作脉宽调制(Pulse Width Modulation，PWM)。使用PWM不仅可以用来控制LED的亮度，还可以控制电机的转速。这种控制输出功率的方法与模拟电路的控制效果类似，在Arduino Uno开发板，实现这个功能的函数是analogWrite()：

```
analogWrite(pin,value)
```

pin：需要设置的端口号；

value：0～255之间的整数，其中0代表最低占空比，255代表最高占空比，如图E4.3所示。

Arduino Uno开发板所使用的ATmega328P芯片具有硬件的PWM模块，该模块使用内部计数器来控制端口的输出占空比。使用硬件PWM模块可以简化软件的设计并保证占空比的准确与稳定，但同时也限制了可以使用这个功能的管脚。在Arduino Uno开发板上，只有在标号前面有“～”符号的6个数字I/O端口才可

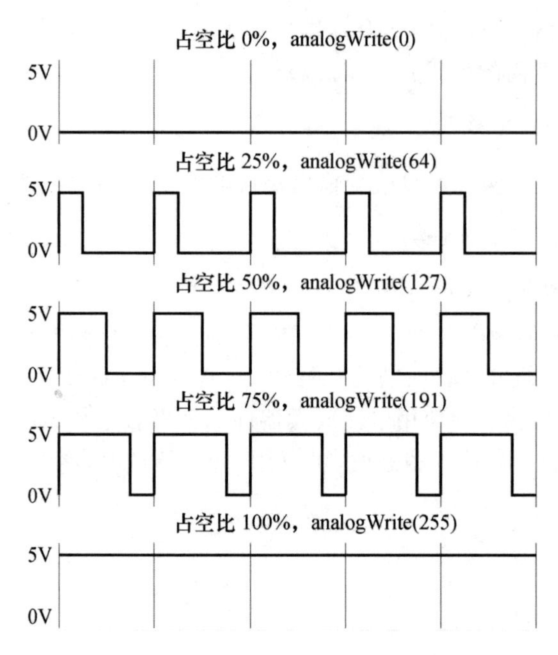

图 E4.3 PWM 波形示例

以作为 PWM 信号输出。

7. 输出特定频率的方波

还可以使用 tone()函数让某个数字 I/O 端口输出特定频率的方波，其函数定义如下：

```
tone(pin,frequency)
tone(pin,frequency,duration)
noTone()
```

pin：需要设置的端口号；

frequency：方波的输出频率；

duration：方波输出的持续时间，单位是 ms，如果没有指定方波的持续时间，需要调用 noTone()函数停止方波的输出。

需要注意的是同一时间只有一个数字 I/O 端口可以使用这种方法输出方波，当一个端口在输出方波的时候，在另一个端口上调用 tone()函数是没有效果的。

8. 常用的其他函数

在 Blink 程序中，还有一个函数是 delay()，它用来做以 ms 为单位的延时，定义如下：

```
delay(val)
```

val：表示延迟 val ms。

这个函数在简单的程序中很常用，它会暂停程序一段时间（中断没有被禁止），用来等待特定事件的发生或者减慢程序的运行。

另外一个常见的函数是 millis()，它没有参数，返回值是程序开始运行到现在的毫秒数，用它来计时往往比通过 delay()函数计时更精确。

Arduino Uno 开发板还支持一系列处理数字、文本等不同应用环境的函数，具体可以参考 Arduino 官网的在线资源。

五、实验内容

(1) 熟悉 Arduino 开发平台。启动 Arduino 集成开发环境，打开示例代码 Blink（菜单层级为文件/示例/01. Basics/Blink）。依次单击工具栏中的"验证"(Verify)和"上传"(Upload)按钮，在 Arduino Uno 开发板上观察标号为"L"的 LED 是否可以正常闪烁。

本步骤要注意电路板是否已连接好，验证和上传的过程在提示窗口是否有错误输出。如果不能上传程序，请检查软件通信端口和开发板类型的设置是否正确。

(2) 使用 PWM 信号驱动 LED。在面包板上搭出一个 LED 的控制电路，如图 E4.4 所示，使用 9 号端口连接 LED 的阳极，采用软件示例中 01. Basics 里面的 Fade 代码，下载后观察 LED 的现象。

修改代码使用固定的 PWM 占空比，在示波器观察 9 号端口的输出，查看不同占空比 PWM 的波形。

如果使用不具备 PWM 输出功能的 7 号端口控制 LED，借助于延迟函数，也可以实现 PWM 信号输出。编写相应的代码并用示波器对实验结果进行验证。

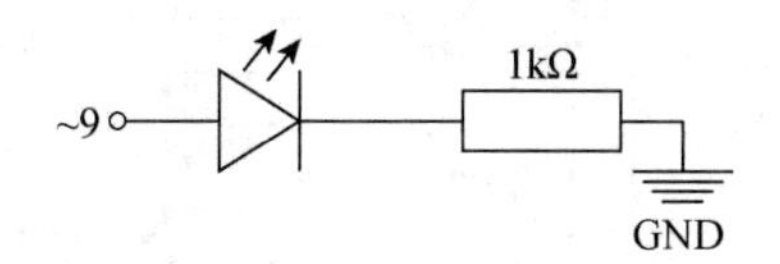

图 E4.4　LED 驱动电路

(3) 使用数字 I/O 端口驱动蜂鸣器。蜂鸣器是一种一体化的发声电子模块，常见的有无源蜂鸣器和有源蜂鸣器两种。其中有源蜂鸣器可以直接使用电平信号驱动，输入高电平就可以输出固定频率的声音，经常用来作为电子产品中的声音提示；无源蜂鸣器需要输入交流信号来控制它输出的声音，输出声音的频率和输入信号的频率一致。实验中使用的是无源蜂鸣器。

在面包板上搭出一个蜂鸣器的驱动电路，如图 E4.5 所示，使用 8 号端口对其进行控制。采用示例中 02. Digital 里面的 toneMelody 代码，运行后可以听到一个简单的旋律。修改代码参数，可以播放一首指定的曲子。

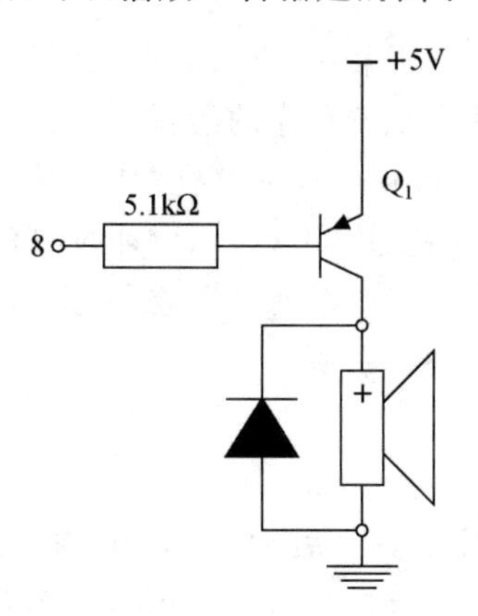

图 E4.5 蜂鸣器驱动电路

(4) 使用三色 LED 显示多种颜色。三色 LED 有 4 个管脚，其中 3 个管脚分别用来控制 3 种颜色的显示，公共管脚为阳极或者阴极。实验中使用的是共阳极 LED，它的驱动电路如图 E4.6 所示。通过 PWM 信号控制不同颜色的亮度，可以让 LED 显示出不同的色彩。由于 PWM 的分辨率有 256 个不同的值，因此理论上可以使用三色 LED 显示 2^{24} 种颜色。使用数组定义 5 种你最喜欢的颜色，编写代码让 LED 循环显示。

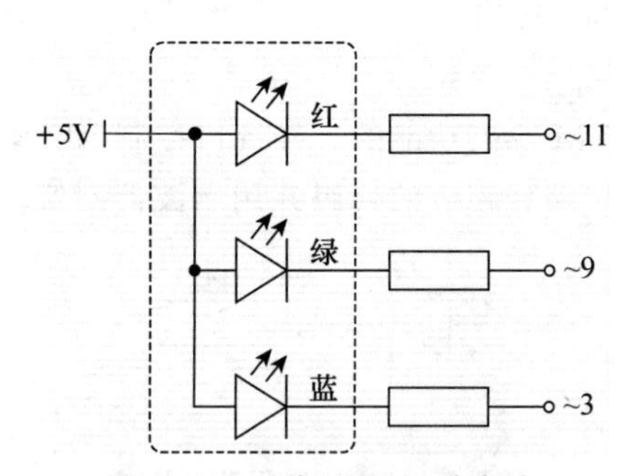

图 E4.6 三色 LED 驱动电路

(5) (选做)同时驱动蜂鸣器和三色 LED，配合播放曲调显示不同的色彩。

(6) (选做)编程让 LED 的颜色不断渐变，尽可能多地呈现不同的色彩(提示：可以让每个颜色按照不同的周期渐变)。

六、思考题

(1) 查阅资料总结 Arduino Uno 开发板的供电方式。

(2) 如何快速地知道发光二极管的结压降?

(3) 图 E4.5 中基极电阻的选择依据是什么?

(4) (选答)图 E4.5 中如果使用 NPN 型三极管作为开关,驱动电路应该如何设计?

实验五 声光检测与控制

一、实验目的

(1) 学习基于 Arduino 平台获取传感器信号的方法。

(2) 了解获取数字信号和模拟信号的方法。

(3) 基于 Arduino 平台,建立声光检测与控制电路。

二、实验器材

(1) 微机;

(2) Arduino Uno 开发板;

(3) 声音传感器模块,光敏电阻;

(4) LED 灯串,PNP 三极管,蜂鸣器;

(5) 直插电阻:100 Ω,10 kΩ,5.1 kΩ;

(6) 面包板,导线。

三、预习要求

(1) Arduino Uno 开发板哪些引脚是数字信号引脚?

(2) 如何在程序中设置数字信号引脚为输入模式?

(3) Arduino Uno 开发板哪些引脚是模拟信号输入管脚?

(4) 理解 PNP 三极管驱动蜂鸣器的电路。

四、实验原理

信息技术主要包括信息的获取、存储、处理、执行等环节。通过各种传感器或者其他输入设备,系统可以获得外界的信息,然后进行加工处理并将其存储,最后根据处理的结果,执行相应的任务。本次实验利用 Arduino 平台和传感器件实现这样的系统功能。

1. 模拟信号与数字信号

生活中大多数信号是模拟信号,例如太阳光照的强度、乐曲声音的高低等,这些变量的值一般随时间连续变化,需要用实数表示。在现代信息技术中,往往需要处理数字信号，所谓数字信号就是离散的量，可以用有限个数表示。最常用的数字信号是二进制信号，即只有“0”和“1”两种状态。

在实际的信号处理中，往往将模拟信号转换为数字信号进行处理，这称为 AD 转换(Analog-to-Digital Convert)。AD 转换过程包括：采样及量化。采样原理如图 E5.1 所示。衡量 AD 转换能力的主要指标为转化时间和精度。转化时间决定了最大采样带宽；精度决定了最小分辨率。

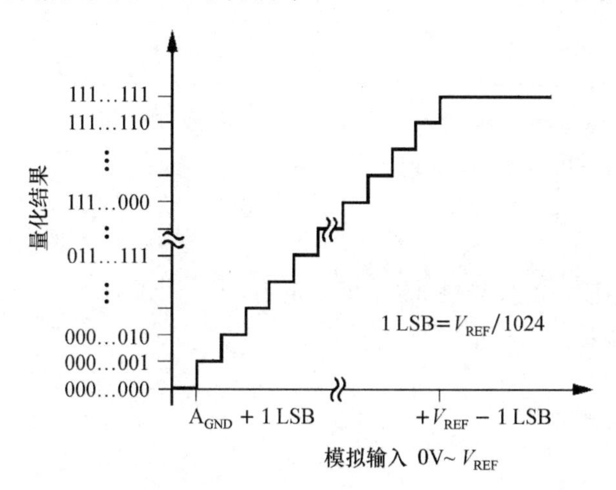

图 E5.1　AD 采样原理(采样位数 8bit，LSB：最低有效值)

2. Arduino 平台数字接口功能

实验中所用的 Arduino Uno 开发板的标注为 0～13 号的引脚是数字 I/O(输入/输出)引脚，既可以输入数字信号，也可以输入模拟信号，这里的数字信号就是只有高电压或者低电压两种状态的信号。如果将数字 I/O 管脚设置为输出模式，可以输出高电压或者低电压，可以控制 LED 灯的亮或者灭。如果将数字 I/O 管脚设置为输入模式，就可以由管脚读入高电压或者低电压信号，读取传感器模块的探测信号。

Arduino Uno 开发板的数字 I/O 管脚功能用 Arduino 的数字 I/O 函数来实现，主要包括 3 个数字 I/O 函数：pinMode()，digitalWrite()，digitalRead()。首先，利用 pinMode()函数设置数字 I/O 管脚的模式：输入或输出。如果设置为输出模式，则可以利用 digitalWrite()函数输出数字信号；如果设置为输入模式，则可以利用 digitalRead()函数从该管脚读入信号。

应用 digitalRead()函数的一个示例如下：

```
int digitialPin = 8;    //定义整型变量 digitialPin 记录数字管脚编号，比如这里取 8 号管脚
```

```
int value;  //定义整型变量 value 记录读入的数字信号的值
void setup()
{
  pinMode(digitialPin,INPUT); //设置 digitialPin 管脚为输入模式
}
void loop()
{
value = digitalRead(digitialPin);
//从 digitialPin 管脚读入数字信号数值,存放在变量 value 中
//读入的结果可能是 HIGH 或者是 LOW
If(value = = HIGH)
{
//判断如果读入的信号是 HIGH,即高电平
//则根据需要在此写相应的语句……
}
If(value = = LOW)
{
//判断如果读入的信号是 LOW,即低电平
//则根据需要在此写相应的语句……
}}
```

3. Arduino 系统模拟接口功能

Arduino Uno 开发板自带有 AD 转换功能,可以将模拟输入管脚上输入的模拟信号转化为数字信号。Arduino Uno 开发板有 6 个通道支持模拟信号的输入,即开发板上标注为 A0～A5 的引脚可以输入模拟信号。该转换支持 10bit 量化,能转化 0～5 V 的电压信号,最小分辨率为 4.9 mV,最快的 AD 转化时间为 100 μs,也即每秒能够实现 10 kHz 采样。转换后获得的数字信号可以用 analogRead()函数来读入,该函数读入得到的数值是整型的。

如果开发人员想要查看函数读入的数值结果,可以使用 Arduino 的串口输出功能将数值输出到串口进行查看。要使用串口输出功能,需要在 setup()函数中使用函数 Serial. begin(speed)设置串口参数,其中 speed 为串口的波特率,也即串口传输速率(取值范围:300,600,1200,2400,4800,9600,14400,19200,28800,38400,57600,115200),可以使用 Serial. println()函数将某数值输出到串口。微机上 Arduino 的 IDE 集成开发环境里,从工具菜单打开串口监视器,通过串口监视器窗口,可以查看输出到串口的数值。注意,在串口监视器窗口右下角,需要设置串

口的波特率，使其与 Serial. begin(speed)函数设置的 speed 相同，否则监视器窗口无法正常工作。

下面是一个应用 analogRead()函数读入模拟引脚的信号，并通过串口监视器查看读入结果的示例。

```
int analogPin = A0; //定义整型变量 analogPin 记录模拟管脚编号，这里取A0 号管脚
int value;  //定义整型变量 value，记录读入的信号的值
void setup()
{
Serial.begin(9600); //设置串口的波特率为 9600
}
void loop()
{
value = analogRead (analogPin);
//从 analogPin 管脚读入的信号的数值，存放在变量 value 中
//value 的取值范围为 0～1023
Serial.println(value); //将 value 的数值输出到串口
delay(1000); //延迟 1 000 ms，以便开发人员有足够的时间查看输出的结果。
}
```

4. 声音传感器和光传感器

利用声音传感器可以探测环境中的声音，系统可以根据需要做出相应的反馈。例如，可以设计声控 LED 灯系统，通过音响设备播放一段音乐，让声控 LED 灯系统“听”到音乐的节奏，控制 LED 灯伴随音乐节奏闪烁，实现一种视觉的艺术效果。这种设计可以基于 Arduino 平台实现，需要使用声音传感器模块来探测声音，系统根据声音探测的结果，控制 LED 灯的开和关。

声音传感器模块的实物如图 E5.2 所示。包含：麦克风、处理电路、电位器、接口插针。模块将麦克风探测到的声音信号处理成电压信号。一般的传感器模块将此电压信号以数字信号提供，当声音强度小于某阈值时，输出低电平信号；大于某阈值时，输出高电平信号。此数字信号可以通过模块上的数字信号输出接口插针获得，通过调节电位器来调整判断阈值。图 E5.2 的模块还提供声音探测的模拟信号输出，即连续变化的电压信号，表示探测到的声音的大小。此外，模块需要供电才能正常工作，与 Arduino 平台兼容的模块一般可以使用 Arduino Uno 开发板上的 3.3 V 或者 5 V 电压作为电源。声音传感器模块接口一般是插针形式，图 E5.2 的声音传感器模块有 4 个插针，标注为“VCC”的插针接电源，标注为“GND”的插针

接地，标注为“DO”是声音探测的数字信号输出，标注为 AO 是声音探测的模拟信号输出。

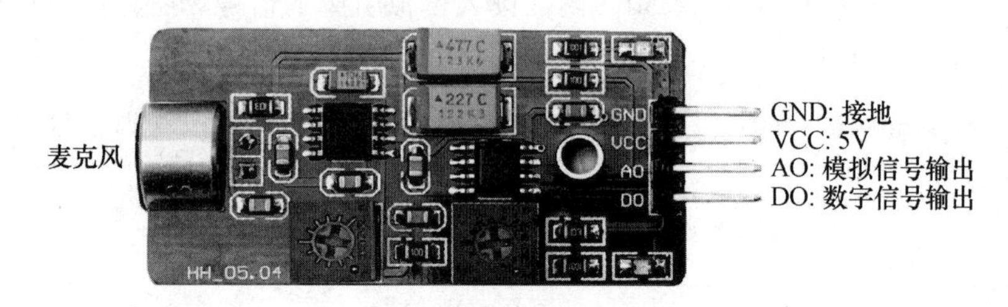

图 E5.2　声音传感器模块实物照片

与声音传感器模块的作用类似，光传感器模块可以提供环境光强度探测的信号。一般的光传感器模块会提供高低电平的数字信号，有的光传感器模块会提供光探测的模拟信号，即连续变化的电压信号；也可以利用光敏电阻元器件自己设计光探测电路模块，获取探测的电压信号。

光敏电阻是用硫化隔或硒化隔等半导体材料制成的特殊电阻器，其工作原理是基于内光电效应。光敏电阻对光线十分敏感，光照愈强，其电阻值就愈低，随着光照强度的升高，电阻值迅速降低，亮电阻值可小至 1 kΩ 以下；而在无光照时，光敏电阻呈高阻状态，暗电阻值一般可达 1.5 MΩ。如图 E5.3 所示为一个光探测模块电路，在一定的电源电压 V_{CC} 下，通过光敏电阻与电阻 R 进行分压，由于光强的变化改变了光敏电阻阻值，引起光敏电阻上的电压变化，从而可以利用电压信号 V_{out} 的变化表示光强的变化。

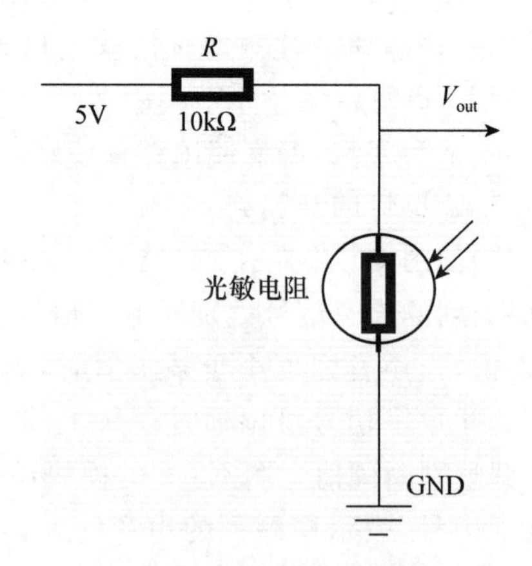

图 E5.3　基于光敏电阻的分压电路的光探测模块

五、实验内容

1. 声控灯

根据实验原理和提供的器材,设计一个基于 Arduino 平台的声控 LED 灯系统,要求通过 Arduino Uno 开发板的数字引脚获取声音传感器模块数字输出信号的高低电平,判断声音的大小,控制 LED 灯串。例如,初始时 LED 灯串熄灭,当环境声音较大时 LED 灯串亮起。LED 灯串的多个 LED 发光二极管是并联的,需要注意选择合适的限流电阻,如图 E5.4 为电路连接示意图。根据前面的函数说明,自行编写 Arduino 控制程序的代码。在实验过程中,请用万用表测量限流电阻 R 两端的电压,计算通过 R 的电流。

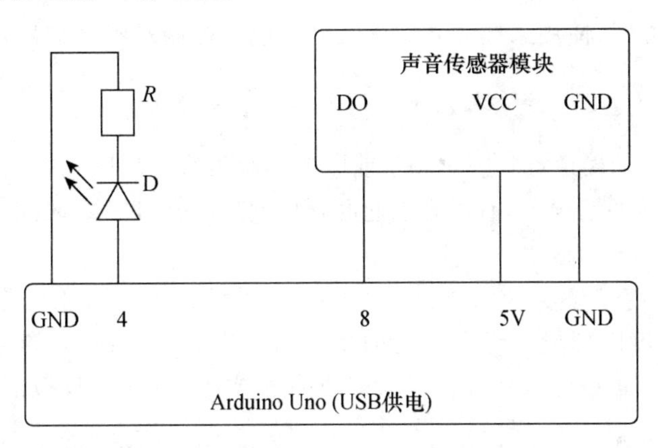

图 E5.4　基于声音传感器模块的声控灯电路示意图

2. 音乐节奏灯

模仿音乐节奏灯的功能。尝试改进上面的声控 LED 灯系统,改进 Arduino 程序,使 LED 灯串能随着环境中音乐的节奏而闪烁,可以将灯串弯折成一定的形状以增强效果。

3. 自动路灯

模仿自动路灯的功能。实现光控的 LED 灯串,当周围环境昏暗的时候,LED 灯串亮;当周围环境光亮的时候,LED 灯串熄灭。

(1) 设计完整的电路系统,画出电路系统结构的简图。可以按照示例电路,采用光敏电阻,得到光探测的电压信号,通过 Arduino 的模拟信号引脚输入信号,并用 Arduino 控制 LED 灯串的开关。在面包板上连接电路。

(2) 编写程序读取光敏电阻上的电压信号,并通过串口显示;在同样环境下,用示波器或者万用表,测量光敏电阻两端电压,验证该值是否与程序输出的电压值一致;然后计算光敏电阻阻值。

(3) 编写程序,根据光强的变化控制 LED 灯串的开和关。

4. 感光雷达测距实验

模仿一个感光雷达测距的功能。根据光强变化改变蜂鸣器的发声,模拟感光雷达探测距离。当光源与光敏电阻之间的距离变化时,光敏电阻阻值发生变化,引起光敏电阻上电压值的变化,Arduino Uno 板获取到此信号,控制蜂鸣器的发声间隔,以此来表征光源距离发生的变化。

(1) 设计完整的电路系统,画出电路系统结构图。按照上次实验课的示例电路,设计基于 Arduino 平台的蜂鸣器电路。参考本次实验内容 3,设计基于 Arduino 平台的光敏电阻的探测电路,画出电路系统结构图,并在面包板上连接电路。

(2) 编写程序测试蜂鸣器的输出。

(3) 设计程序,使用采样的光敏电阻电压信号控制蜂鸣器输出,指示不同的光强信号。

5. 选作内容

(1) 模仿自动楼道灯实验。基于前面的实验内容,设计一款自动楼道灯,使其在环境光线昏暗的情况下,有声音响起时,灯光亮起,持续一定时间(比如 10 s)后,灯光自动熄灭。

(2) 基于声音传感器模块输出的模拟信号,设计新的音乐灯系统,尝试实现 LED 灯串的亮度随环境中音乐声音的高低而变化,声音强时灯的亮度大,声音弱时灯的亮度小。可以通过示波器观察声音传感器模块输出的模拟信号。

六、思考题

(1) 感光向日葵实验。使用多个(比如 2 个或 4 个)光敏电阻组成感光阵,设计算法计算光源方位的变化。

(2) 利用 Arduino 平台可以获取传感器的信号,并控制电路系统做出响应,还有哪些可能的应用?请提出方案。

实验六　基于 Arduino 的简易信号源

一、实验目的

(1) 熟悉掌握 Arduino 的 PWM 功能与端口操作。

(2) 理解利用 PWM 波形实现直流输出的原理。

(3) 理解直接数字频率合成(Direct Digital Synthesis, DDS)技术的基本原理与实现方法。

(4) 了解频率滤波的概念以及简单低通滤波器的原理与实现。

二、实验器材

(1) Arduino Uno 开发板 1 个；

(2) 1 kΩ直插电阻 3 个，1 μF 直插电容 3 个，按键 3 个，四位数码管 1 个，面包板 1 块，公头转母头杜邦线 4 根，面包板插拔导线若干。

三、预习要求

(1) 查阅滤波器的概念及其功能，按照功能划分，滤波器有几种?

(2) 查阅模拟/数字转换器(Analog to Digital Converter, ADC)和数字/模拟转换(Digital-to-Analog Conversion, DAC)的基本概念与原理。

四、实验原理

1. 直接数字频率合成技术

信号源是电子设计与测试过程中的常用仪器之一，其核心就是产生一个频率、振幅均稳定的周期信号。常用的周期信号有正弦波、三角波和方波等，早期的信号源电路或芯片一般采用模拟振荡器配合滤波电路产生，但是电路实现复杂、波形质量较差、不易控制。为了实现频率精度高、稳定性好、便于数字控制的信号源，人们设计了 DDS 技术，目前已经成为低频信号源设计的通用方式。

DDS 技术具有极高的频率分辨率和较低的相位噪声，在改变频率时，DDS 技术能够保持相位的连续性，很容易实现频率、相位和幅度调制。此外，DDS 技术基于数字电路技术，可编程控制。这种信号产生技术得到了越来越广泛的应用，很多厂家已经生产出了 DDS 技术专用的芯片，这种器件成为当今电子系统及设备中频率源的首选器件。例如 Analog Devices 公司的 AD9850 就是一个可以工作在 125 MHz 时钟频率，具有 10bit DAC 的 DDS 芯片。AD9854 是一个可以工作在 300 MHz 时钟频率，具有 I/Q 两路 12bit DAC 的 DDS 芯片。有兴趣的同学可以参考上面提到的两款芯片资料，了解当今 DDS 系统。

2. DDS 技术的基本原理

DDS 技术的基本原理，简单地讲，就是事先将一个完整周期的波形幅值，按一个很高地采样精度数字化后存储成数据库，然后按一定的提取步长（相位增量），从数据库里等间隔的取出数据（累计相位超出周期之外时取模），即可复现波形。

具体原理如图 E6.1 所示，在时钟的控制下，N 比特相位累加器根据指定的步长逐次累加，然后根据累计相位（相位码，取值范围为 $0\sim2^N-1$，对应一个周期的 $0\sim2\pi$，溢出时取模），从波形数据库（共有 2^N 数据，每个数据 M 位比特）里，取出该相位处对应的幅值码，它是一个 M 位的数字信号，通过 M 位的数字/模拟转换（DAC）电路转换成模拟值，最后通过低通滤波器，对数据进行平滑处理，即可输出很纯净的波形。

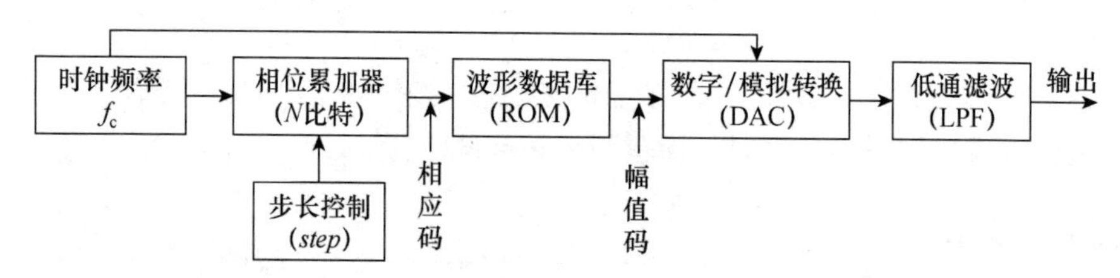

图 E6.1 DDS 技术的基本原理

当相位累加器为 N 比特时，意味着数据库最大容量为 2^N，也就是说波形的一个周期，在时间轴上进行了 2^N 等分，然后把对应的幅值，数字化后顺序存储在数据库里。

如果时钟频率为 f_c，步长控制为 $step=1$，可以计算出输出波形的频率 f_{out} 为：

$$f_{out}=\frac{1}{2^N}f_c$$

这是该系统所能输出的最低频率。显然，可以通过控制不同的相位累加器的步长，实现不同频率的输出，输出波形的频率 f_{out} 为：

$$f_{out}=\frac{step}{2^N}f_c$$

当然，f_{out} 也有个最大值。很明显，假如 $step=2^N$ 时，f_{out} 不会等于 f_c，系统只会输出一个直流信号。信号与系统的理论（奈奎斯特定理）证明，对于一个正弦波，一个周期内至少需要两个点，才能通过滤波器恢复波形，所以上式中 $step$ 的最大

值为 2^{N-1}，即 $f_{out} \leqslant \frac{1}{2} f_c$。当然在考虑到实验情况下，低通滤波器性能有限，在恢复输出波形的频率 f_{out} 时，一个周期内的点数越多，f_{out} 的失真越小。

商用的 DDS 芯片中，相位累加器一般都是几十比特，比如 AD9833 芯片为 28 位，AD9854 芯片为 48 位，以 $N=28$ 位计算，当 $f_c=10$ MHz 时，f_{out} 最小值达到 0.037Hz，这也是 f_{out} 的调节精度，已经满足绝大部分应用需求；若采用 $N=48$ 位计算，f_{out} 的调节精度将更高。本实验中，不需要那么高的频率精度，相位累加器只设置为 9 比特（ROM 为 512 个数据）即可。

3. 基于 Arduino 平台的信号源设计

前面实验已经介绍过，Arduino 平台具有丰富的数字 I/O 资源，可以很方便地进行信号源设计，其中模拟输出部分，得依靠 PWM 端口来实现。事实上，PWM 端口输出的是一个约 970 Hz 或 488 Hz 的 5 V 矩形波信号，该矩形波信号的平均值是需要的模拟输出，由于平均值正比于占空比，通过设置不同的占空比，实现不同的模拟信号输出。

在用 PWM 端口做模拟输出时，要输出一个模拟量，起码要等一个完整的 PWM 波形产生，其平均值才是正确的模拟输出，这一个周期的时间，叫作 DAC 的转换时间。与转换时间相对应的概念，即转换速率，这里的 DAC 转换速率即为 970 Hz 或 488 Hz。

PWM 端口的输出函数为 analogWrite(data)，data 取值范围 $0 \sim (2^8-1)$，表示这是一个 8 位的 DAC，输出模拟电压范围对应 0～5 V，可以算出该 DAC 的转换精度为：$5\ \text{V}/(2^8-1)=19\ \text{mV}$。

用 Arduino 平台的 PWM 实现 DAC，其转换速率和转换精度很低，一般的专用 16bit DAC 芯片，可以达到 MHz 量级的转换速率和 μV 量级的转换精度。

本实验，要求学生基于 Arduino Uno 开发板，设计一个简易信号源，可以产生正弦波、三角波和方波 3 种波形，系统如图 E6.2 所示。

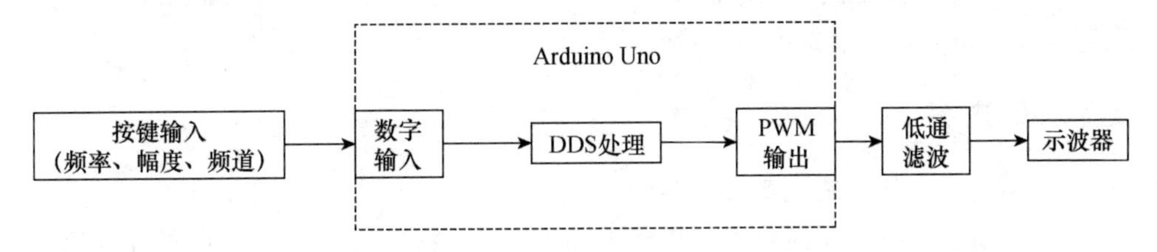

图 E6.2　基于 Arduino Uno 开发板的信号源设计系统

这里需要指出的是，图 E6.2 中的低通滤波器，与图 E6.1 中的低通滤波器相比，多了一个将 PWM 输出的矩形波滤成平均值的作用。PWM 输出的矩形波，必须通过合适的低通滤波器，才能转换成模拟电压，也就是矩形波的平均值。

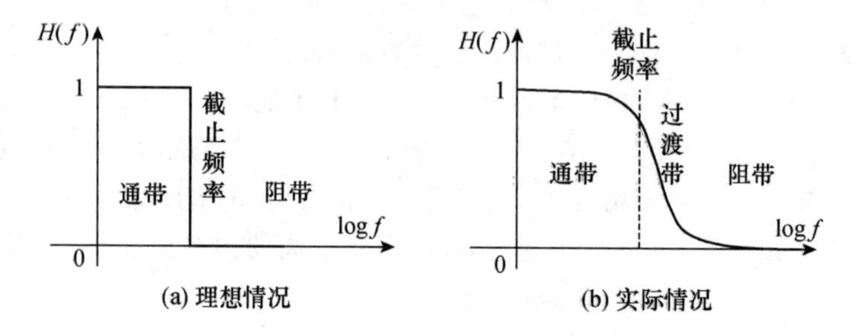

图 E6.3 低通滤波器的频谱特性

低通滤波器有个重要参量，叫作截止频率，如图 E6.3 所示，理想的低通滤波器，在频率低于截止频率时，属于通带，信号可以无损通过；在频率高于截止频率时，属于阻带，信号被完全阻挡。实际的滤波器，通带和阻带之间，有很长的过渡带，不同的低通滤波器，其过渡带的斜率不一样。一般情况下，若要把某一频率 f 给滤除，低通滤波器的截止频率要比 f 小 10～100 倍。

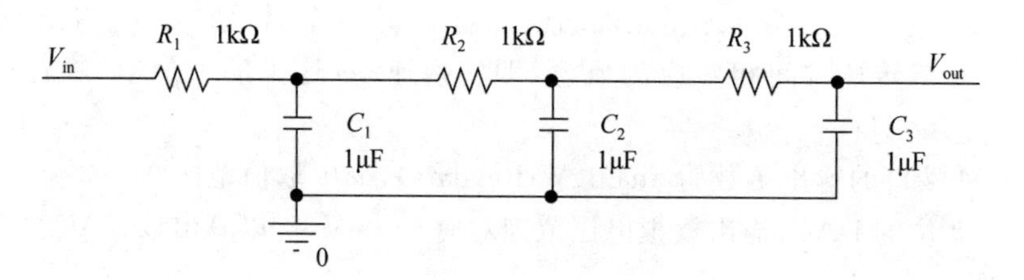

图 E6.4 无源 *RC* 低通滤波器

本实验设计一个简单的无源 *RC* 低通滤波器，如图 E6.4 所示，截止频率约为 30 Hz，可以有效地把 PWM 方波成分给滤除，只保留其直流成分，即平均值。

由于低通滤波器截止频率的限制，本实验所设计的简易信号源，输出频率范围限定为 1～20 Hz，调节精度为 1 Hz。

五、实验内容

1. 测量 *RC* 低通滤波器的频率响应

如图 E6.4 所示，在面包板上搭建电路，用信号发生器、示波器等，测量该低通滤波电路的频率特性，范围 1～1 000 Hz，并作图。

2. 1 Hz 正弦波发生器

将低通滤波器的输入与 Arduino Uno 开发板的一个 PWM 端口相连接（注意还有接地线），设计一个 1 Hz 的正弦波发生器；用示波器的两个通道，分别监测低通滤波器的输入端和输出端，感受低通滤波的实际效果。

可以参考 sine. ino 程序，阅读代码及其注释，理解 DDS 技术的实现方式（注意根据自己的实际电路连接，补充代码，才能正常编译运行）。

3. 按键控制

（1）按照图 E6. 5 在面包板上搭建按键电路。选择一个数字 I/O 端口 keyPort，跟按键连接，该端口需配置成弱上拉输入模式，例如 pinMode(keyPort, INPUT_PULLUP)，这样在按键断开时，该端口为高电平，即 1，按键闭合时，该端口为低电平，即 0。

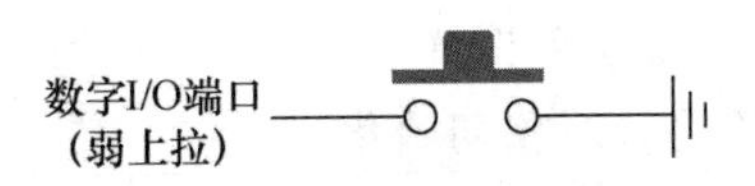

图 E6. 5　按键电路连接

（2）改写上一步骤的 sine. ino 程序，加入按键功能，每按一下，正弦波频率增加 1 Hz，一直加到 20 Hz 时，再按就变回 1 Hz，如此循环（一般按键闭合时间约为 30～300 ms，注意避免按一下连续加两次或多次频率）；用示波器的两个通道，分别监测低通滤波器的输入端和输出端。

（3）在面包板上增加第 2 路按键电路，与 Arduino Uno 开发板的另一个数字端口连接（注意配置为弱上拉输入模式），然后继续改写上面的程序，增加正弦波的幅度调节功能，即每按一下，幅度档位增加一档。比如 4 档：1/4 幅度→1/2 幅度→3/4 幅度→最大幅度，若超过最大幅度档位，即回到 1/4 档位，如此循环。

4. 数码管显示

（1）本实验中，提供了一个 4 位的数码管显示模块，如图 E6. 6 所示，有 4 个接口：CLK，DIO，VCC 和 GND，其中，CLK 为时钟，DIO 为数据输入输出接口，VCC 和 GND 分别为 5 V 电源和地。每个数码管由 7 个 LED 灯组成，可以显示 0～9，A～F 等十六进制数。

图 E6. 6　4 位数码管

通过调用该模块的库函数，可以很简单地实现数据显示，程序框架如下：

```
#include "TM1637.h"//添加数码管模块头文件
//需把 TM1637 库函数文件拷贝进 arduino 安装目录下的 libraries 文件夹里
#define CLK 3//数码管模块时钟接口
#define DIO 2//数码管模块数据接口
TM1637 tm1637(CLK, DIO); //定义一个数码管对象
int8_t displayData[4] = {0x00, 0x00, 0x00, 0x00}; //4 个数码管待显示的数据
void setup() {
tm1637.set(); //数码管对象设置
tm1637.init(); //数码管对象初始化
……
}
void loop() {
……
tm1637.display(displayData); //根据 displayData 数组的值,更新数码管显示
……
}
```

(2) 硬件部分。将数码管的 4 个引脚：CLK,DIO,VCC 和 GND 分别和 Arduino Uno 开发板的 3 端口、2 端口、5 V 端口和 GND 端口连接。

(3) 程序部分。改写前面的 Sine.ino 程序,加入数码管显示功能,4 位数码管,按顺序分别显示：当前波形选择、当前幅度挡位、当前频率。波形选择取值为 1～3,分别代表正弦波、方波、三角波(后面的实验需要用到);幅度挡位取值为 1～4,分别表示 1/4 幅度、1/2 幅度、3/4 幅度和满幅度;频率取值范围为 1～20 Hz,需要两位数码管显示。

5. 简易信号源设计

综合前面的设计思路,设计一个 3 通道波形发生器,分别为正弦波、方波、三角波,频率可调,幅度可调,带数码管显示。这里需要增加第 3 路按键检测电路,用于 3 个波形之间的切换。

调节按键切换到方波模式,用示波器的两个通道,分别监测低通滤波器的输入端和输出端,逐渐改变方波的频率,观测输出信号相对输入信号的变化。

六、思考题

(1) 如果想要提高 DDS 输出频率的最大值,有哪些方法?

(2) 如果想要提高 DDS 输出频率的调节精度,有哪些方法?

(3) 实验中得到的方波,频率越大失真越大,试分析原因。

(4) 总结基于 Arduino Uno 开发板信号源的缺点,可以如何改进?

实验七　前后双避障蓝牙遥控小车

一、实验目的

(1) 了解用 Arduino Uno 开发板串行口实现串行通信的方法。

(2) 了解 Arduino Uno 开发板软件串口的实现方法。

(3) 了解蓝牙模块、超声测距模块和电机驱动模块的配置和使用方法。

(4) 了解蓝牙遥控小车的架构和基于 Arduino Uno 开发板的实现方法。

二、实验元件与器材

1. Arduino Uno 开发板 2 块(其中 1 块安装在小车底盘上);

2. Uno 扩展板 1 块(已安装在小车底盘上);

3. HC-05 蓝牙模块 2 块;

4. HC-SR04 超声测距模块 2 块;

5. 小车底盘套件 1 套(含以下配件):小车底盘 1 片、底板 PCB 1 块、双 A4950 电机驱动模块 1 块、5 V DC/DC 电源模块 1 块、电池电压测量模块 1 块、7.4 V 2 000 mAh充电电池组 1 块、30∶1 减速电机及测速编码器 2 套、舵机及连杆 1 套、车轮 4 只以及螺丝、螺母、螺柱若干;

6. 面包板 1 块;

7. 两脚按钮开关 4 只。

三、预习要求

(1) 理解串口通信基本原理和时序图。

(2) 查找资料理解 Ultrasonic 程序库。

(3) 完成本实验中缺少的补充代码。

四、实验原理

1. 串口通信

计算机的主机与其外部设备之间的信息交换可称为通信。通信的基本方式分为并行通信和串行通信两种。并行通信是指数据各位同时传送,而串行通信是指数据按逐位顺序传送。串行通信时,主机和设备都有自己的发送端(TX)和接收端(RX),主机的发送端接设备的接收端,主机的接收端接设备的发送端。常用双机串行通信连接方式,如图 E7.1 所示。

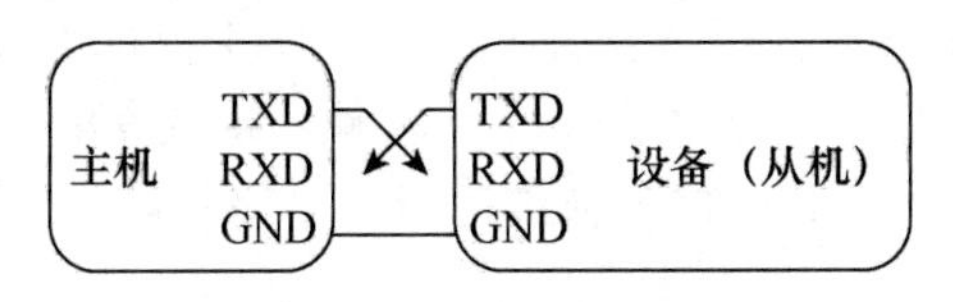

图 E7.1 双机串行通信

串行通信分为异步和同步两类。异步通信是一种字符再同步的通信方式,而同步通信是靠识别同步字符来实现数据的发送和接收的。本实验中串行通信采用异步方式。

异步通信的特点是: ① 数据以字符方式随机且断续地在线路上传送(但在同一字符的内部的传送是同步的)。各字符的传送依发送方的需要可连续,也可间断。② 通信双方用各自的时钟源来控制发送和接收。③ 通信双方按异步通信协议传输字符。

异步通信格式如图 E7.2 所示,每个字符由起始位、数据位、奇偶校验位(可选)和停止位 4 个部分顺序组成。这 4 个部分组成异步传输一个单元,即字符帧。

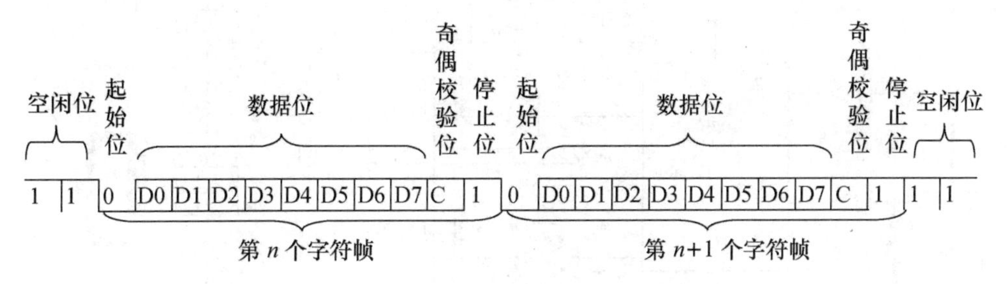

图 E7.2 异步通信的字符帧格式

起始位: 为“0”信号,占 1 位。起始位的作用有两个: ① 表示一个新字符帧的开始。即线路上不传送字符时,应保持为“1”,接收端检测线路状态连续为“1”后或在停止位后有一个“0”,就知道将发来一个新的字符帧。② 用作同步接收端的时序,以保证后续的接收能正确进行。

数据位: 紧接于起始位后面,可以占 5,6,7 或 8 位不等,数据的位数按照最佳传送速率来确定。数据位传输的顺序,总是从最低位 D0 开始。

奇偶校验位: 在数据位之后,占 1 位,用来检验信息传送是否有错,也可以规定不用奇偶校验位。它的状态常由发送端的奇偶校验电路确定。奇偶校验位的值取决于校验类型，若为偶校验，则数据位和校验位中逻辑“1”的个数必须是偶数；若为奇校验，则数据位和校验位中逻辑“1”的个数必须是奇数。或用其他的校验方法来检验信息传送过程是否有错。

停止位：用“1”来表征一个字符帧的结束。停止位可以占 1 位、1.5 位或 2 位不等。接收端收到停止位时，表明这一个字符帧已接收完毕，也表明下一个字符帧可能到来。若停止位之后不是紧接着传送下一个字符帧，则让线路保持为“1”，即空闲等待状态。

串行通信的一个重要指标是波特率。它定义为每秒钟传送二进制数码的位数，以位/秒(bps)为单位。一般异步通信的波特率在 1 200～115 200bps 之间，波特率越高，传输通道的频带越宽。常用的异步通信格式为 8 位数据位，无奇偶校验，1 位停止位。

2. 直流电机驱动

实验室小车的直流电机由芯片 A4950 驱动，在实验过程中通过调节驱动芯片的输入电平，控制小车前进、后退和差速转弯。电机驱动芯片 A4950 如图 E7.3 所示。

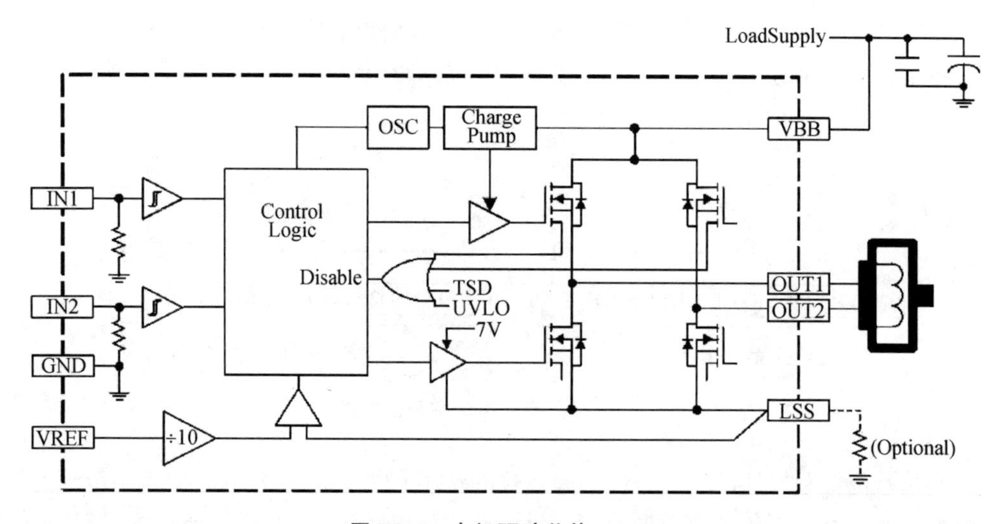

图 E7.3 电机驱动芯片 A4950

电机驱动芯片输入、输出关系如图 E7.4 所示，输入、输出关系如表 E7.1 所示。

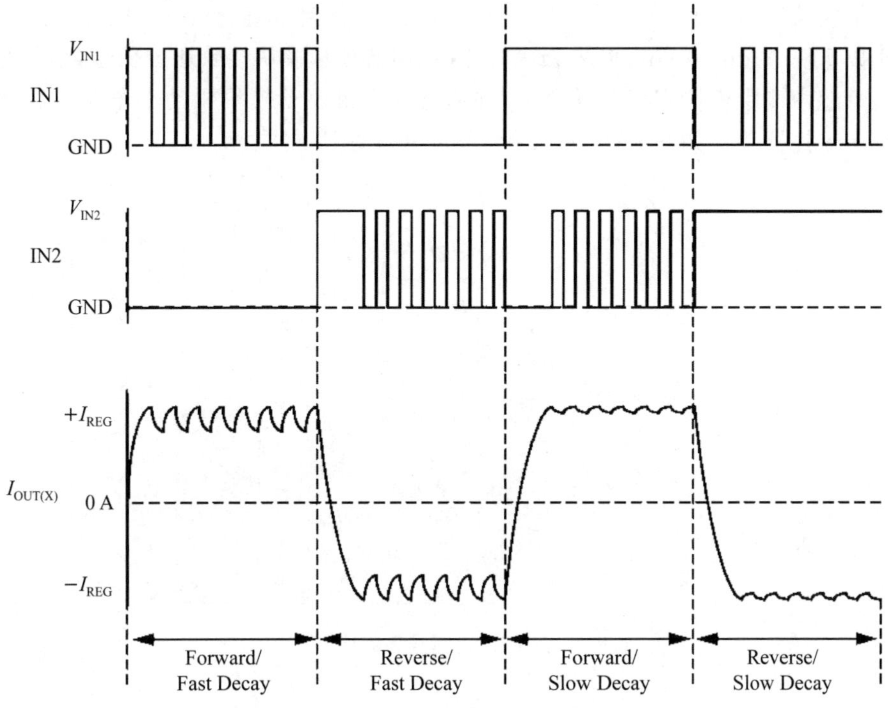

图 E7.4　电机驱动芯片输入、输出关系

表 E7.1　电机驱动芯片输入、输出关系

IN1	IN2	$10\times V_S>V_{REF}$	OUT1	OUT2	Function
0	1	False	L	H	Reverse
1	0	False	H	L	Forward
0	1	True	H/L	L	Chop (Mixed Decay), Reverse
1	0	True	L	H/L	Chop (Mixed Decay), Forward
1	1	False	L	L	Brake (Slow Decay)
0	0	False	Z	Z	Coast, enters Low Power Standby mode after 1 ms

注意：Z 表示高阻态。

五、实验内容

1. 总体架构

本实验要求两位同学合作完成。两位同学都要通读全部实验内容，并配合完成实验内容 2。第 1 位同学主要负责实验内容 3，第 2 位同学主要负责实验内容 4。分别调试完毕后两位同学合作完成实验内容 5。

本实验通过1块Arduino Uno开发板、4个按键和蓝牙主模块实现遥控器。小车以1块Arduino Uno开发板为核心，利用蓝牙从模块接收遥控信号，小车前后都装有超声测距模块实现自动避障，并通过双电机驱动模块驱动小车左右后车轮电机。遥控器架构如图E7.5所示，小车架构如图E7.6所示。

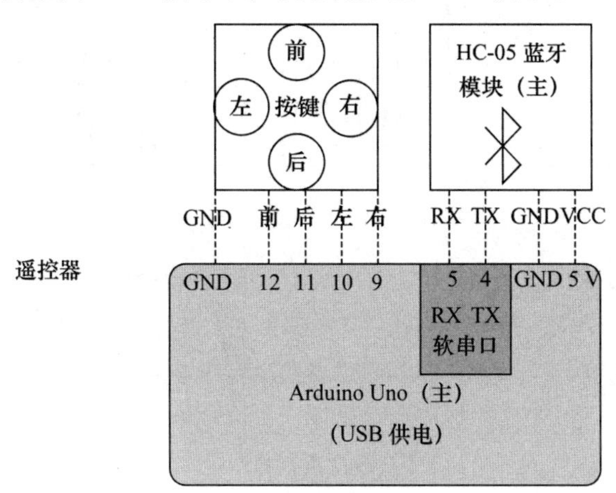

图E7.5 遥控器架构

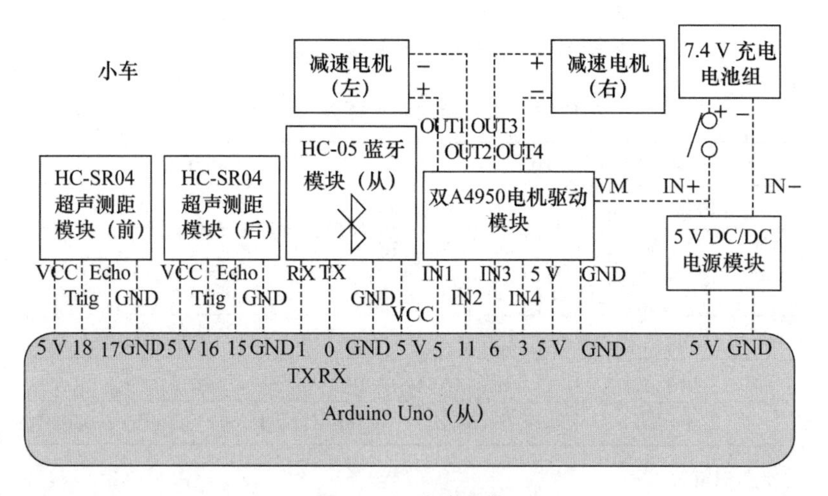

图E7.6 小车架构

2. 蓝牙配对(两位同学配合完成)

蓝牙通信是一种常用的近距离无线通信方式。本实验需要使用配对的蓝牙模块进行通信，即遥控器使用主模式蓝牙模块，小车使用从模式蓝牙模块。HC-05为主从一体蓝牙模块，出厂时默认模式为从模式，因此需要使用USB-TTL串口对两个蓝牙模块进行配置后才能实现配对。Arduino Uno开发板上有USB-TTL串口，但是已经与 MCU 的串口相连，再直接连接其他串口设备会影响电脑与 MCU 之间的通信，不能用于蓝牙模块的配置。

虽然 Arduino Uno 开发板上仅有一个硬件串口，但是可以通过软件模拟将其他两个数字 I/O 端口作为软件串口使用，然后在程序中将硬件串口与软件串口之间的数据实现透传，即硬件串口 RX 收到的数据在程序中通过软件串口 TX 发送，软件串口 RX 收到的数据在程序中通过硬件串口 TX 发送，这样就实现了将 USB-TTL 串口通过 MCU 接力，从而使得 Arduino Uno 开发板的串口监视器成为通用的串口调试助手。

(1)（两位同学）蓝牙模块连线，按照图 E7.5 遥控器架构连接（按键先不连接），必须在 Arduino Uno 开发板未连接 USB 线即未加电时连线，不要带电连线。蓝牙模块边上的 EN 和 STATE 不接线，注意连线不能接错，否则有可能永远损坏模块。确认无误后用 USB 线连接电脑和 Arduino Uno 开发板。

软件串口程序 Soft_Serial 如下：

Soft_Serial. ino

```
#include <SoftwareSerial.h>
#define SS_RX 4
#define SS_TX 5
//实例化软串口
SoftwareSerial BT_Serial(SS_RX, SS_TX); // RX, TX
String comdata = "";
void setup()
{
  pinMode(SS_RX, INPUT);
  pinMode(SS_TX, OUTPUT);
  Serial.begin(38400);
  while (! Serial);
  Serial.println("Hardware serial port begins @ 0, 1 (RX, TX), con-
necting USB serial.");
  BT_Serial.begin(38400);
  Serial.println("Software serial port begins @ " + String(SS_RX)
+ ", " +\
  String(SS_TX) + " (RX, TX), connecting your device.");
}
void loop()
```

```
{
  while (Serial.available()){
  comdata + = char(Serial.read());
  delay(2);
  }
  if (comdata.length()){
  Serial.print(comdata); //回显
  BT_Serial.print(comdata);
  comdata = "";
  }
  while (BT_Serial.available()){
  comdata + = char(BT_Serial.read());
  delay(2);
  }
  if (comdata.length()){
  Serial.print(comdata);
  comdata = "";
  }
}
```

(2)(两位同学)由于 HC-05 蓝牙模块配置模式下的串口波特率为38 400 bps,因此需要事先在电脑端设备管理器中将 USB 串口的波特率也设为38 400 bps。Arduino Uno 开发板的串口监视器设为 38 400,NL 和 CR(换行和回车),如图E7.7所示。

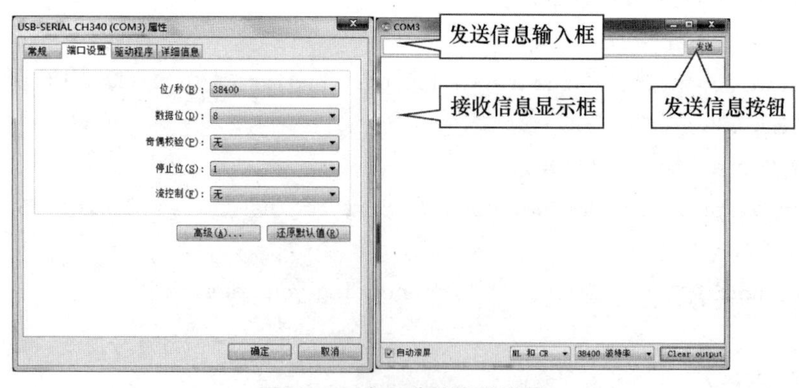

图 E7.7 串口波特率的设置

(3)(两位同学)将程序验证并上传(通信速率快,第1次上传可能出错,再次上传可以成功)后等待配置蓝牙模块。

HC-05蓝牙模块配对的前提条件是:

① 两个模块的角色分别为主模式和从模式;

② 两个模块的配对码相同;

③ 两个模块分别绑定对方的地址;

④ 蓝牙连接时通信速率相同。

HC-05蓝牙模块上电时默认为等待连接或查找连接状态,模块上的指示灯快闪。

(4)(两位同学)拔掉蓝牙模块上的VCC连线,按住蓝牙模块上的按钮开关,同时接上VCC连线。此时指示灯变成慢闪(指示灯灭与亮的时间相同),表示进入配置状态,可以接收配置命令。

同学甲连接的为主模块,在串口监视器的输入框中输入以下命令并单击发送按钮发送(以下方框内显示的粗体字为命令,斜体字为返回数据)。

AT+ADDR?
+ADDR:98d3:21:aaaaaa
OK

可以看到主模块的蓝牙地址为:98d3:21:aaaaaa(以实际为准),记下此地址。

同学乙连接的为从模块,输入同样的命令,记录下地址,假设为98d3:11:bbbbbb。

(5)(同学乙)在串口监视器的输入框中输入以下命令,单击发送按钮发送(以下方框内显示的粗体字为命令,斜体字为返回数据,括号内是说明文字)。

AT+UART?
+UART:9600,0,0
OK
AT+UART=38400,0,0
OK
AT+ROLE?
+ROLE:0　(确认为0,表示从模块;若不为0,需输入AT+ROLE=0)
OK

AT+PSWD=xxxxxxxxxx （设置配对码，建议设为同学甲的学号，主模块也一样）
OK
AT+PSWD?
+*PSWD*:xxxxxxxxxx
OK
AT+BIND?
+*BIND*:*98d3*:*31*:*300e42*
OK
AT+BIND=98d3,21,aaaaaa （上面记下的同学甲主模块实际地址，“:”换为“,”）
OK
AT+BIND?
+*BIND*:*98d3*:*21*:*aaaaaa*
OK

(6)（同学甲）在串口监视器的输入框中输入以下命令（以下方框内显示的粗体字为命令，斜体字为返回数据，括号内是说明文字），单击发送按钮发送。

AT+UART?
+*UART*:*9600*,*0*,*0*
OK
AT+UART=38400,0,0
OK
AT+UART?
+*UART*:*38400*,*0*,*0*
OK
AT+ROLE?
+*ROLE*:*0*
OK
AT+ROLE=1 （1表示主模块）
OK
AT+ROLE?
+*ROLE*:*1*

OK

AT+PSWD=xxxxxxxxxx （设置配对码，与从模块设置相同，为同学甲的学号）

OK

AT+PSWD?

+PSWD:xxxxxxxxxx

OK

AT+BIND?

+BIND:98d3:31:300e42OK

AT+BIND=98d3,11,bbbbbb （上面记下的同学乙从模块实际地址，“:”换为“,”）

OK

AT+BIND?

+BIND:98d3:11:bbbbbb

OK

(7)（两位同学）拔去蓝牙模块 VCC 连线，然后再接上 VCC 连线（不按模块的按钮开关）。可以看到两个蓝牙模块的指示灯开始快闪，几秒后变成慢慢闪（灭约 2 秒，然后超快闪 2 次），表示两个模块已经配对成功，可以作为透明串口互传数据。

(8)（同学乙）拔下蓝牙从模块待用。

软件串口使用注意事项：软件串口程序库中设置的缓冲区为 64 字节，因此一次发送不要超过 64 字节。连续发送或接收时需在程序中设定一定的时间间隔以避免缓冲区溢出。

3. 遥控器（同学甲主导完成）

理解遥控器按键开关连线图，如图 E7.8 所示。使用 6 条长度适宜的短线（线头略短于板厚）和 4 个两脚按钮开关在面包板上搭建按键开关电路，按键开关里两

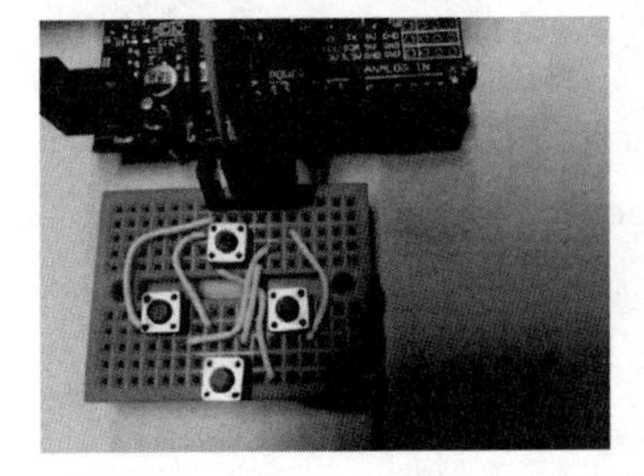

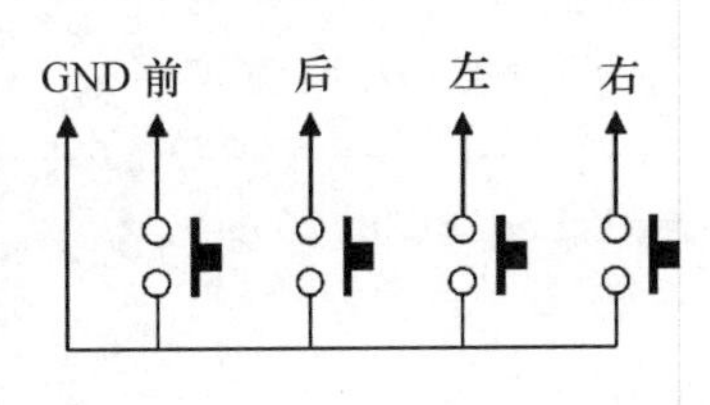

图 E7.8 遥控器按键开关连线

脚横向插入面包板，短线不要悬空，线头之间不要出现不必要的短路，最后按总体架构中遥控器图将按键开关连到 Arduino Uno 开发板上(图中 5 根排线从左到右分别为 GND、前、后、左、右)。

此遥控器可以发射 8 个方向的控制命令，同时按下“前”和“后”为停止命令，同时按下“左”和“右”读取小车相关参数(联机有效)，没有按键或其他组合时发出闲置命令。遥控器程序 KeyRemote.ino(复用软件串口程序部分代码)如下：

KeyRemote.ino

```
#include <SoftwareSerial.h>
#define SS_RX 4
#define SS_TX 5
#define key_F 12
#define key_B 11
#define key_L 10
#define key_R 9

//实例化软件串口
SoftwareSerial BT_Serial(SS_RX, SS_TX); // RX, TX
String comdata = "";
int key;
void setup()
{
  pinMode(SS_RX, INPUT);
  pinMode(SS_TX, OUTPUT);
  pinMode(key_F, INPUT_PULLUP);
  pinMode(key_B, INPUT_PULLUP);
  pinMode(key_L, INPUT_PULLUP);
  pinMode(key_R, INPUT_PULLUP);
  Serial.begin(38400);
  while (! Serial);
  Serial.println("Bluetooth - remoted car starting...");
  BT_Serial.begin(38400);
}
void loop()
```

```
{
  key = (digitalRead(key_F) << 3) + (digitalRead(key_B) << 2)
+\
  (digitalRead(key_L) << 1) + digitalRead(key_R);
  if  (key = = B0111) BT_Serial.println("Forward");
  else if (key = = B1011) BT_Serial.println("Back");
  else if (key = = B1101) BT_Serial.println("Left");
  else if (key = = B1110) BT_Serial.println("Right");
  else if (key = = B0101) BT_Serial.println("Forward Left");
  else if (key = = B0110) BT_Serial.println("Forward Right");
  else if (key = = B1001) BT_Serial.println("Back Left");
  else if (key = = B1010) BT_Serial.println("Back Right");
  else if (key = = B0011) BT_Serial.println("Stop");
  else if (key = = B1100) BT_Serial.println("Read");
  else  BT_Serial.println("Idle");
  delay(100);
//请补充代码(与前面软件串口相同)
}
```

将程序验证并上传。本程序可以按键发送命令，也可以在串口监视器中发送命令。小车接收到命令若有返回信息也可在串口监视器中显示。调试完毕后断开USB连线，取下此Arduino Uno(主)开发板备用。

4. 小车(同学乙主导完成)

程序库安装：将"\ArduinoLab\libraries\"文件夹中的"Ultrasonic"文件夹拷贝到Arduino安装文件夹下"libraries"子文件夹中，若是压缩包文件，可以单击Arduino集成环境菜单"项目"→"加载库"→"添加一个.ZIP库"，选择Ultrasonic压缩包即可。

小车电路板共有3层，如图E7.9所示：最下面为底板PCB，中间为Arduino Uno开发板、双A4950电机驱动模块、5 V电源模块、电池电压测量模块和OLED显示模块(本次实验未使用)，最上面为Arduino Uno扩展板。电源开关为OLED显示模块下方的拨动开关。

对照前面的总体架构图进行安装。安装流程如下：

(1) 小车组装(已提前完成)，确认小车底板PCB上的电源开关为OFF状态。

(2) 确认2只超声测距模块分别朝外安装到Arduino Uno扩展板的J2和J3

插孔中(严格按照引脚定义连接,否则可能会损坏模块),蓝牙模块暂不安装。

(3) 确认 Arduino Uno 扩展板上 H9 的两个跳线帽都连接到"Rear"。SW1 拨到"PROG"处(当 SW1 拨到"PROG"时,板子下载程序,可同时采用调试串口对程序进行调试;当 SW1 拨到"RUN"时,板子接收来自蓝牙的串口数据,可以通过遥控器对小车进行控制)。

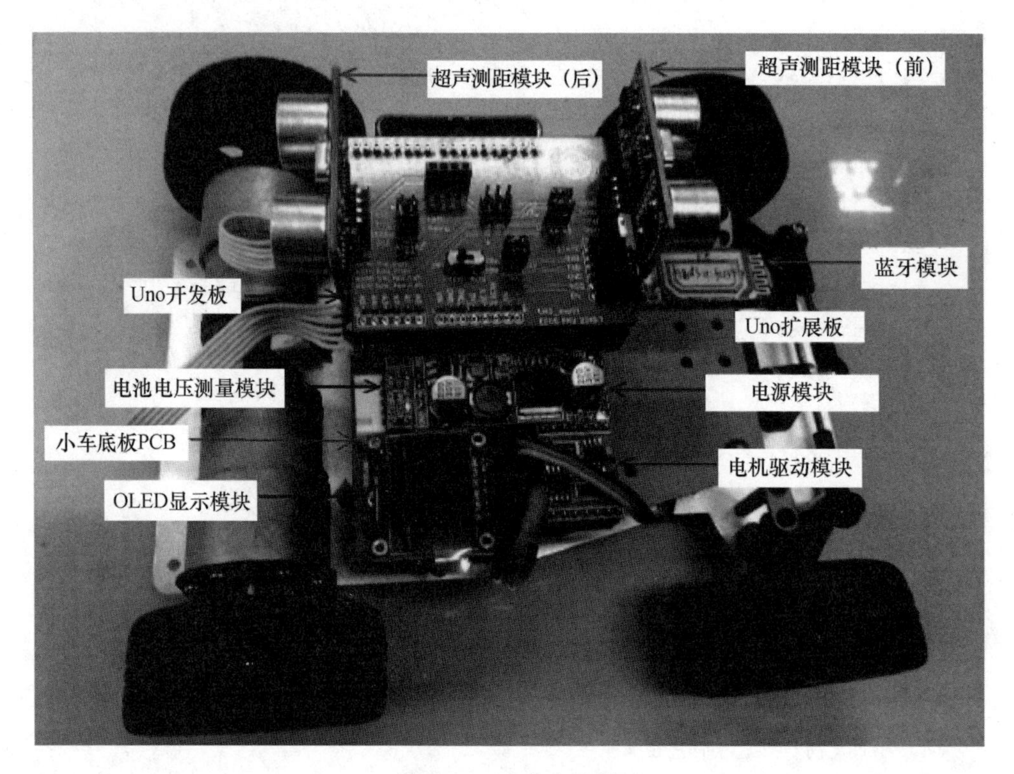

图 E7.9 小车电路板

(4) 新建 Arduino 程序 ToyCar。

① 理解小车的动作与两个电机之间的关系,两个电机分别驱动小车的两个后轮(本次实验未使用测速功能),舵机(本次实验未使用)控制小车前轮方向。电机正端和负端分别加高电平和低电平时电机正转(前进方向)。转弯有两种,一种为急转弯,另一种为斜向转弯。

② 超声测距使用相关程序库,受超时限制,最大测距为 100 cm。本小车的测距模块不在小车边沿,实际有效距离为 93 cm(前)和 96 cm(后)。

③ 电池组经 1 ∶11 分压后再接 A0,因此实际电池组电压为测得电压乘以 11。

ToyCar. ino

```
＃include <Ultrasonic.h> //或单击菜单项目加载库添加一个.ZIP文件，
选择函数库文件夹
＃define in1 5 //Left_P
＃define in2 11 //Left_N
＃define in3 6 //Right_P
＃define in4 3 //Right_N
＃define pwm 63 //inside motor speed of car turn
＃define limit 20 //cm, distance limit to obstacle
＃define comp_Front 7 //front distance compensation
＃define comp_Rear 4 //rear distance compensation
＃define vth_Batt 7400 //mV, Low Battery
Ultrasonic ultra_Front(18, 17);  // (Trig PIN, Echo Pin)
Ultrasonic ultra_Rear(16, 15);  // (Trig PIN, Echo Pin)
String inputString = "";  // a String to hold incoming data
boolean stringComplete = false;  // whether the string is complete
int distance_Front, distance_Rear, i;
long volt_Batt;
void motor_F()//前进
{
  digitalWrite(in1,HIGH);
  digitalWrite(in2,LOW);
  digitalWrite(in3,HIGH);
  digitalWrite(in4,LOW);
}
void motor_B()//后退
{
//请补充代码
}
void motor_L()//左
{
  digitalWrite(in1,LOW);
  digitalWrite(in2,LOW);
  digitalWrite(in3,HIGH);
```

```
  digitalWrite(in4,LOW);
}
void motor_R()//右
{
//请补充代码
}
void motor_S()//停止
{
  digitalWrite(in1,HIGH);
  digitalWrite(in2,HIGH);
  digitalWrite(in3,HIGH);
  digitalWrite(in4,HIGH);
}
void motor_I()//Idle
{
  digitalWrite(in1,LOW);
  digitalWrite(in2,LOW);
  digitalWrite(in3,LOW);
  digitalWrite(in4,LOW);
}
void motor_FL()//前进左
{
  analogWrite(in1,pwm);
  digitalWrite(in2,LOW);
  digitalWrite(in3,HIGH);
  digitalWrite(in4,LOW);
}
void motor_FR()//前进右
{
//请补充代码
}
void motor_BL()//后退左
{
```

```
  digitalWrite(in1,LOW);
  analogWrite(in2,pwm);
  digitalWrite(in3,LOW);
  digitalWrite(in4,HIGH);
}
void motor_BR()//后退右
{
//请补充代码
}
void setup() {
  // initialize serial:
  Serial.begin(38400);
  // reserve 200 bytes for the inputString:
  inputString.reserve(200);
  pinMode(in1,OUTPUT);
  pinMode(in2,OUTPUT);
  pinMode(in3,OUTPUT);
  pinMode(in4,OUTPUT);
  motor_I();
}
void loop() {
  // print the string when a newline arrives:
  if (stringComplete) {
  distance_Front = ultra_Front.getDistanceInCM() - comp_Front;
  distance_Rear  =  ultra_Rear.getDistanceInCM() - comp_Rear;
  if ((distance_Front < limit) & (distance_Rear < limit)) {
  Serial.println("Close to BOTH Obstacles!");
  Serial.print("Front: ");
  Serial.print(distance_Front);
  Serial.print("cm. Rear: ");
  Serial.print(distance_Rear);
  Serial.println("cm.");
  inputString = "Stop";
```

```
delay(20);
}
else if ((distance_Front < limit) & (distance_Rear >= limit)) {
Serial.println("Close to Front Obstacle. AUTO-BACK.");
Serial.print("Front: ");
Serial.print(distance_Front);
Serial.println("cm.");
inputString = "Back";
delay(20);
}
else if ((distance_Front >= limit) & (distance_Rear < limit)) {
//请补充代码
}
volt_Batt = 0;
for(i=0; i<100; i++) {
volt_Batt += long(analogRead(A0));//连续采集电池电压100次累加
delayMicroseconds(100);
}
volt_Batt = volt_Batt * 50 * 11 / 1024;  //平均后换算成mV
if(volt_Batt < vth_Batt) {
Serial.print("LowBattery! Voltage: ");
Serial.print(volt_Batt);
Serial.println("mV.");
inputString = "Idle";
delay(20);
}
if(inputString != "Idle") Serial.println(inputString);
if(inputString == "Forward")  motor_F();
else if(inputString == "Back")  motor_B();
else if(inputString == "Left")  motor_L();
else if(inputString == "Right") motor_R();
else if(inputString == "Stop")  motor_S();
else if(inputString == "Idle")  motor_I();
```

```
    else if(inputString = = "Forward Left")  motor_FL();
    else if(inputString = = "Forward Right") motor_FR();
    else if(inputString = = "Back Left")  motor_BL();
    else if(inputString = = "Back Right")  motor_BR();
    else if(inputString = = "Read")  {
    Serial.print("Front: ");
    Serial.print(distance_Front);
    Serial.print("cm. Rear: ");
    Serial.print(distance_Rear);
    Serial.println("cm.");
    Serial.print("Battery: ");
    Serial.print(volt_Batt);
Serial.println("mV.");
    motor_I();
}
    else   Serial.println("Invalid Command! - Forward / Back / Left /
Right / Stop "
    "/ Idle - only.");
    // clear the string:
    inputString = "";
    stringComplete = false;
    delay(10);
    }
}
/*
  SerialEvent occurs whenever a new data comes in the hardware serial
RX. This
  routine is run between each time loop() runs, so using delay inside
loop can
  delay response. Multiple bytes of data may be available.
*/
void serialEvent() {
  while (Serial.available()) {
```

```
    // get the new byte:
    char inChar = (char)Serial.read();
    // add it to the inputString:
    if ((inChar ! = '\r') & (inChar ! = '\n')) inputString + = inChar;
    // if the incoming character is a newline, set a flag so the main loop
can
    // do something about it:
    if (inChar = = '\n') {
    stringComplete = true;
    }
    }
}
```

④ 用USB线连接电脑和小车上的Arduino Uno(从)开发板,等待系统识别后先完成的第(2)项设置,然后将程序验证并上传。

⑤ 将小车底盘托起,使车轮悬空。距离小车前后超声传感器20 cm外无障碍。将小车底板上电源开关拨到“ON”,在串口监视器中输入“Forward”发送,小车的两个电机应该旋转,观察轮轴旋转应为前进方向。

⑥ 在串口监视器中输入“Back”“Left”“Right”“Forward Left”“Forward Right”“Back Left”“Back Right”“Idle”和“Stop”等指令(对大小写和空格敏感),验证电机旋转情况(Stop为强制刹车;Idle为空档,小车放到地面后惯性更为明显);输入“Read”时读取相关参数。

⑦ 确认当前状态为Stop,人为在小车前方设置障碍,在串口监视器中输入任意指令,观察小车轮轴和串口监视器,小车应自动后退;若人为在小车后方设置障碍,观察小车轮轴和串口监视器,小车应自动前进;若同时在小车前方和后方设置障碍,观察小车轮轴和串口监视器,小车应自动停止。

⑧ 撤去小车前方和后方的障碍,在串口监视器中输入“Stop”指令。

⑨ 关闭小车底板电源开关,断开小车上的Arduino Uno(从)开发板的USB连线。

5. 蓝牙遥控双避障小车联机(两位同学合作完成)

(1) (同学乙)确认小车底板开关拨到“OFF”,将HC-05蓝牙从模块插到小车Arduino Uno扩展板上J4插孔中(蓝牙模块元器件朝上,6只引脚一一对应,插错会烧毁蓝牙模块)。

(2) 将小车放到空地上,Arduino Uno扩展板上SW1拨到“RUN”,打开小车底板电源开关。

(3)(同学甲)将 Arduino Uno(主)开发板接到电脑,重新打开 remote 程序,验证上传,打开串口监视器监控小车状态,按下遥控器上的按钮可遥控小车,验证各项功能和自动避障能力(若仅给遥控器加电而不再次验证上传 remote 程序也可遥控小车,但不能用串口监视器监控小车状态)。

(4) 实验结束前一定要关闭小车底板电源开关。

六、思考题

(1) 查找资料,除了超声波测距之外,还有哪些常用的测距方法?

(2)(选答)实现强制刹车和空挡的电学原理是什么?(提示,阅读 A4950 芯片手册。)

实验八　姿态感应蓝牙遥控小车

一、实验目的

(1) 继续熟悉 Arduino Uno 串行通信的方法。

(2) 了解加速度计模块在姿态感应领域的简单应用。

二、实验器材

(1) Arduino Uno 开发板 2 块；

(2) MPU6050 加速度计模块 1 个；

(3) HC-05 蓝牙模块 2 块；

(4) HC-SR04 超声测距模块 2 块；

(5) 底盘小车 1 套(实验七的小车)；

(6) 9 V 南孚电池及其卡槽 1 套；

(7) 面包板 1 块；

(8) PCB 板 1 块；

(9) 三色 RGB 灯 1 个；

(10) 蜂鸣器 1 个。

三、预习要求

(1) 理解 MPU6050 加速度计模块测量三维加速度的原理。

(2) 简述本实验如何通过姿态感应蓝牙遥控小车。

(3) 阅读遥控器和小车程序，说明具体如何实现小车转弯。

(4) (选做)提前下载一个蓝牙串口手机 APP(应用程序)。

四、实验原理

本实验所用小车结构与实验七的基本相同，只是遥控方式有所区别：上一个实验采用按键的方式，遥控小车的运行状态，优点是简单易实现，缺点是不太好灵活操控小车的运行速度。本实验采用 MPU6050 加速度计模块，制作一台姿态感应蓝牙小车遥控器，可以更灵活地控制小车的运行。

1. 总体框架

实验总体框架如图 E8.1 所示，相比实验七，去掉了遥控器模块的按键部分，增加了 MPU6050 加速度计模块，用来感应当前的“遥控器姿态”（前倾/后仰/左倾斜/右倾斜），另外还增加了 1 个蜂鸣器和 1 个 RBG 三色 LED 灯，可以用于小车在运行时遇到墙壁等障碍物时的报警指示。

继续使用实验七中已经配置好的蓝牙通信模块。

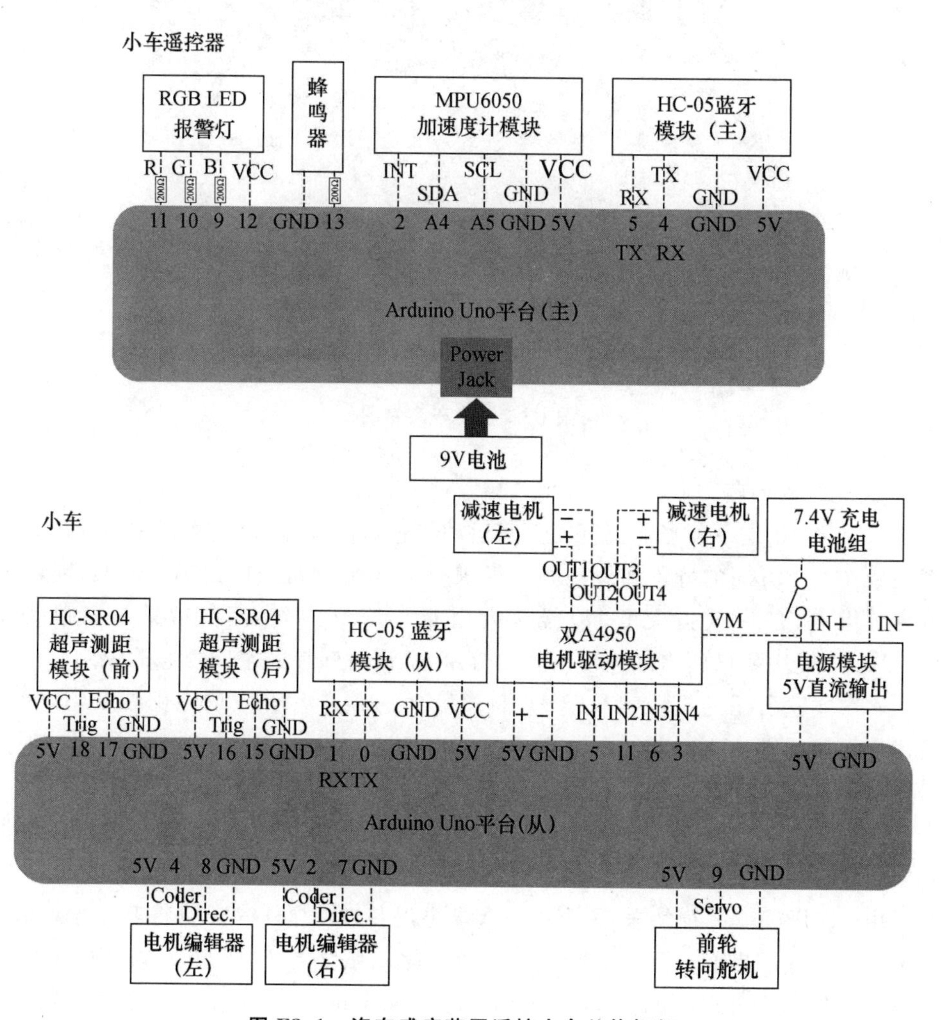

图 E8.1　姿态感应蓝牙遥控小车总体框架

小车模块实物图如图 E8.2 所示，最上面是一块扩展板，扩展板下面是 Arduino Uno 平台（从）。注意图中两个白色圆圈部分，是两个拨码开关。扩展板上地拨码开关，控制 Arduino Uno 平台（从）工作在编程模式（PROG）或者蓝牙模式（RUN）；另一个拨码开关，隐藏在显示屏下方，对应小车模块供电部分（7.4 V 充电电池组）的输出开关，当该开关闭合时，会有电源指示灯亮起。

图 E8.2 小车实物图

2. 遥控器的姿态识别

MPU6050 是一种当前流行的空间运动传感器芯片，可以获取器件当前的加速度矢量在 3 个方向的分量和旋转角速度矢量的 3 个分量，具有体积小、功能强、精度高等优点，是一款强大的“神器”，应用非常广泛。本实验中，只是简单利用 MPU6050 模块测量所得加速度的 3 个分量，实现对遥控器空间姿态的识别。

本次实验所用的是一款基于 MPU6050 传感器芯片开发的电路模块，该模块所用到的接线端：VCC 接 5 V 电源电压，GND 是接地，SCL 是 I2C 协议的时钟信号接口，SDA 是 I2C 协议的数据信号接口，INT 是中断数字输出（推挽或开漏）。另外，还有在本实验中并未使用的 3 个端口，XDA 和 XCL 是用于模块外接传感器的 I2C 协议接口，AD0 是 I2C Slave 地址 LSB。

由于 MPU6050 模块采用了 I2C 总线协议传输数据，本实验将基于 Arduino Uno 开发环境自带的 Wire 库实现 Arduino Uno 系统与 MPU6050 模块的 I2C 协议通信。根据 Wire 库的官方文档说明，Arduino Uno 平台对应 SDA 接口的是 A4 引脚，对应 SCL 的是 A5 引脚。

MPU6050 模块与 Arduino Uno 平台的连接如图 E8.3 所示。为了便于识别，MPU6050 模块上加速度计芯片的 x，y 轴也表示在图中。

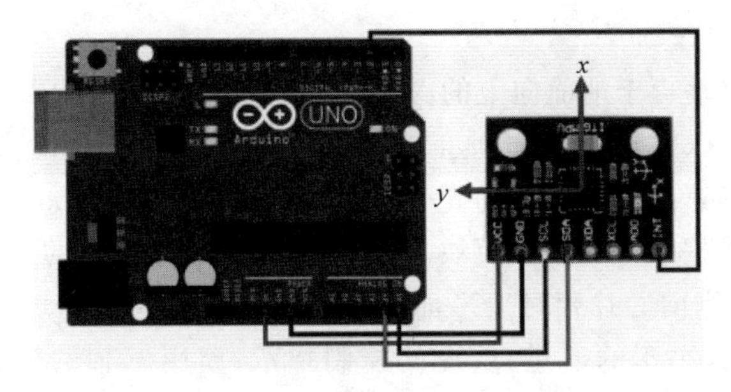

图 E8.3　MPU6050 加速度计模块及其与 Arduino Uno 平台的连接

MPU6050 加速度计模块芯片的坐标系是这样定义的：把芯片平放桌面上，表面文字部分向上，俯视芯片，将其表面文字转正，此时，以芯片内部中心为原点，芯片的 x,y,z 轴定义如图 E8.4(a)所示。MPU6050 加速度计模块芯片测量出来的三维加速度值$\vec{a}=(a_x,a_y,a_z)$，通过 SCL 和 SDA 两根线输出。

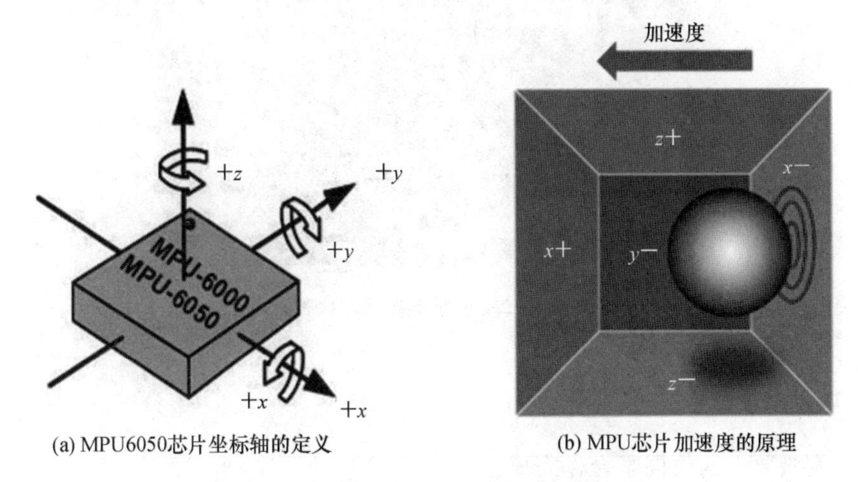

(a) MPU6050芯片坐标轴的定义　(b) MPU芯片加速度的原理

图 E8.4　MPU6050 芯片测量加速度的模型

MPU6050 加速度计模块测量加速度的原理如图 E8.4(b)所示，想象在 MPU6050 加速度计模块上芯片里面有个立方体盒子，盒子里装了个小球，当芯片沿 x 轴正方向做加速运动时，加速度为 a_x，立方体盒子的“$x-$”面，就会受到小球的压力 $F_x=-ma_x$，m 为小球质量，负号表示与 a_x 方向相反；其他方向同理，所以可以根据立方体盒子的六面受力来标定芯片当前的三维加速度。

当 MPU6050 加速度计模块上的芯片水平静止放置时，“$z-$”面仍然受到压力，大小等于小球的重力 mg，相当于芯片在无重力环境下沿 z 轴正方向做加速运动,加速度为 g,即静止的水平放置的 MPU6050 模块的三维加速度输出值为 $\vec{a}=(a_x,a_y,a_z)=(0,0,g)$。

一般,假设以垂直于地面向上的固定方向 $\vec{k}$ 为参考,当 MPU6050 模块上加速度计的芯片倾斜,以至于 x,y,z 轴正方向分别和 $\vec{k}$ 的正方向的夹角为 α,β,γ 时,MPU6050 模块的三维加速度值为 $\vec{a}=(a_x,a_y,a_z)=(g\cos\alpha,g\cos\beta,g\cos\gamma)$。

所以,可以根据 MPU6050 模块上加速度计的芯片输出的三维加速度值 $\vec{a}=(a_x,a_y,a_z)$,判断当前芯片相对地平面的倾斜姿态。为便于处理,可以直接使用 x 轴的加速度值作为小车的前进/后退的控制指示,使用 y 轴的加速度值作为小车左/右转弯的控制指示。

实验中,把 Arduino Uno 平台、面包板、蓝牙模块和 MPU6050 模块等集成在一块 PCB 板,组成了小车遥控器,其中 MPU6050 模块平贴在 PCB 板上,如图 E8.5 所示。

图 E8.5 小车遥控器实物图

五、实验内容

本实验要求两位同学合作完成。

1. 遥控器搭建

利用 Arduino Uno 平台和 MPU6050 加速度计模块搭建小车的遥控器。利用 MPU6050 Test 程序,通过库函数读取该模块的三维加速度值,并输出到串口监视器,验证 MPU6050 加速度计模块工作是否正常。

(1) 把面包板、Arduino Uno 平台(主)、MPU6050 加速度计模块分别固定在 PCB 板上的指定位置,如图 E8.5 所示。

(2) MPU6050 加速度计模块的连接和测试:

① 按照图 E8.1 所示,用杜邦线连接 MPU6050 加速度计模块到 Arduino Uno 平台(主)上。

② 在微机上找到本实验文件夹里的 MPU6050Test. ino 文件,阅读程序,了解读取加速度值的方法,然后编译并上传到 Arduino Uno 平台(主);在微机上打开 Arduino 界面的串口监视器(波特率 38 400,NL 和 CR),观察串口输出数据,如图 E8. 6 所示。

③ 人为改变 PCB 板的姿态(平放、斜放、竖立等),验证 MPU6050 模块是否正常(注意,MPU6050Test 程序中 $\vec{a}=(a_x,a_y,a_z)$ 三个分量的取值范围均设置为 $-100\sim100$,取 100 时表示加速度大小为 g);修改程序中的加速度值的系数,通过串口监视器查看结果。

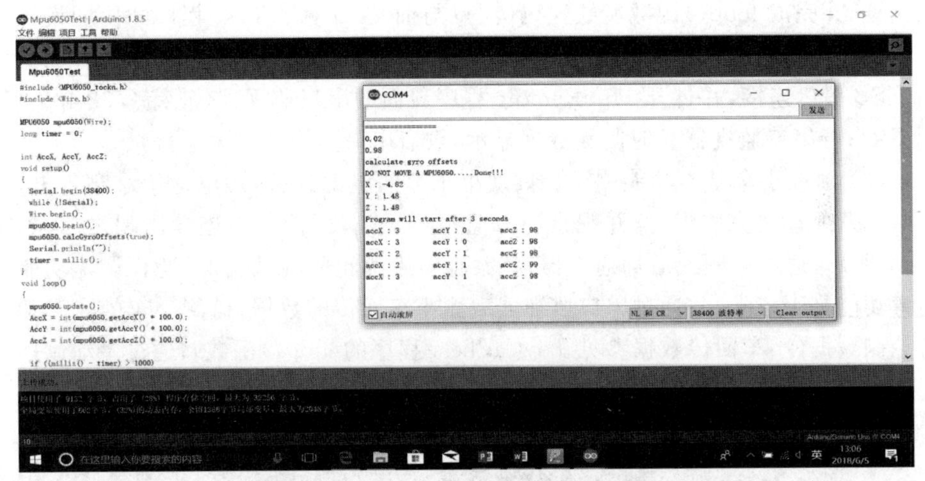

图 E8. 6　MPU6050 加速度计的测试界面

(3) 蓝牙模块的连接和测试。按照图 E8. 1 所示,用杜邦线把 HC-05 蓝牙模块(主)连接到 Arduino Uno 平台(主)上。注意该蓝牙模块(主)应该已经与小车上的蓝牙模块(从)配对,若没有,得按照实验七中的相关步骤,进行配对设置。

(4) 在 PCB 板上安装 9 V 电池,暂不接通,备用。

2. 小车遥控测试

利用 ToyCarTest 程序,使小车通过蓝牙接收遥控器的指令,指令格式如表 E8. 1 所示,根据接收到的指令中 *AccX* 和 *AccY* 两个值的大小,设定小车的运行速度和转弯角度。可以根据遥控器的 4 种姿态:前倾、后仰、左倾、右倾,分别控制小车的 4 种运动:前行、后退、左转弯、右转弯。

表 E8. 1　小车遥控器发送指令的格式

关键字	Data(byte)	关键字	Data(byte)	关键字	Data(byte)
X	*AccX*	Y	*AccY*	Z	*AccZ*

(1) 小车的设置。找到微机上本实验文件夹里的 ToyCarTest.ino 文件，仔细阅读程序，并完成 SetAcc 函数所缺代码(注意与后文中遥控器程序 MpuRemote.ino 协同设计)，编译上传至小车的 Arduino Uno 平台(从)。注意扩展板上拨码开关的位置，确保 Arduino Uno 平台(从)工作在编程模式(PROG)，否则无法上传程序。

想办法架起小车，让 4 个轮完全悬空，拨动扩展板上的拨码开关，让小车上的 Arduino 模块工作在蓝牙模式(RUN)，等待接收遥控器指令。

(2) 遥控器的设置。找到微机上本实验文件夹里的 MpuRemote.ino 文件，仔细阅读，并完成 loop()函数所缺代码(注意与前文 ToyCarTest 程序的协同设计)，编译上传至小车遥控器的 Arduino Uno 平台(主)；保持 Arduino Uno(主)和电脑的 USB 串口连接，并打开 MpuRemote 程序界面的串口监视器(波特率 38 400，NL 和 CR)；若串口监视器长时间无数据显示，重启串口监视器。

(3) 遥控小车基本功能测试。拨动小车上的电源开关，用电池给小车供电，等待两个蓝牙模块完成配对，并观察串口监视器，待有回传数据连续出现之后，如图 E8.7 所示，适当前倾或后仰遥控器，观察小车后两轮的转动情况，验证调速功能和转弯功能是否正常，并通过串口监视器观测小车回传的数据，监测小车的速度和转弯控制数据(小车回传数据参见 ToyCarTest 程序的 loop()函数)；通过手动遮挡前置或后置超声波模块，验证避障功能。

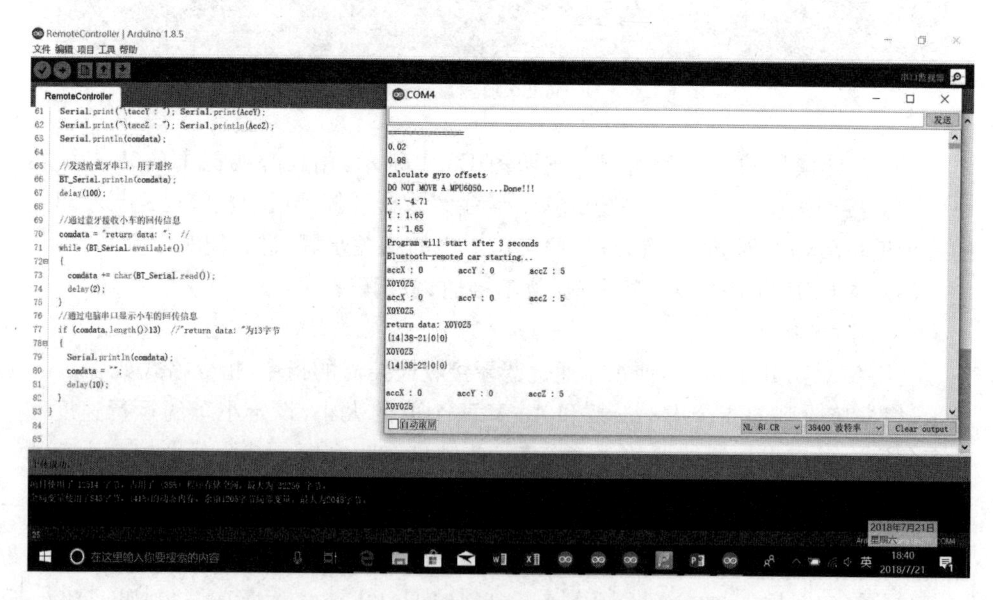

图 E8.7　测试小车遥控功能的串口接收数据

(4) 遥控小车的实地测试。以上测试都正常后，拔掉遥控器和电脑之间的连线，将遥控器改用 9 V 电池供电；拨动小车电源开关，先暂时切断小车的电池供电，把小车放在指定地面上，准备实地测试。

打开小车上的电源开关，等待小车和遥控器的两个蓝牙模块完成配对，平稳手持遥控器，静待约 10 s，然后开始遥控小车在地面上运行，验证各项功能是否正常(前进/后退/左转/右转/避障)。

根据测试结果，若小车的转弯效果不好，可以尝试修改转弯代码；若小车的避障效果不好，可以尝试修改小车程序中的避障机制(可以参考实验七的避障设计)。

(5) 根据前面实验已学的知识，利用有源蜂鸣器或三色 RGB 灯，给遥控器增加遇路障时的报警功能，具体报警形式可以自由发挥，接口定义可以参考图 E8.1。

(6) 舵机控制。通过对小车后轮的差速，实现小车的转弯，但纯差速转向能耗大、稳定性差，所以实验小车实用的转向方式一般都采用“前轮转向＋后轮差速”模式。本实验中的小车配备了前轮转向的装置——舵机。舵机使用起来很简单，就是接收一个简单的电压指令，转到一个与电压对应的角度(端口定义如图 E8.1 所示的小车部分)：

```
#include <Servo.h>//头文件添加 Servo.h 库
Servo myservo;    //创建一个全局 Servo 对象
void setup() {
……;
myservo.attach(Port);//端口初始化,Port 为具体端口值
……;
}
void loop() {
……;
myservo. write (Angle);//设定舵机角度, Angle 取值 0～180°
……;}
```

程序中只涉及两个函数 myservo. attach(Port)，myservo. write(Angle)，其中 attach(Port)函数为舵机初始化函数，参数 Port 为 Arduino 模块控制舵机的电压输出端口(PWM 端口)，本实验中为 9 端口；write(Angle)函数用于设定舵机转向角度，参数 Angle 为目标转向角度(0～180°)，初始舵机位置为 90°左右，此时为直行状态，Angle<90°为左转，Angle>90°为右转。

① 在 Arduino 系统示例程序里，找到 sweep. ino 文件，该文件为前轮舵机转向扫描程序，架起小车，悬空 4 轮，上传 sweep 程序，观察舵机转向情况；

② 适当修改程序，找到最佳起始转角 initAngle，使得小车尽量处在完全直行状态。

(7)（选做）手机蓝牙控制。关掉遥控器模块，下载安装一个蓝牙串口手机App，打开 App，单击蓝牙连接，找到小车上的蓝牙模块（HC-05），选中连接（需在手机蓝牙设置里，设置好配对码），然后用手机代替遥控器，根据指令协议发送指令，控制小车运行。

六、思考题

(1) 本实验只用了 MPU6050 加速度计模块输出加速度信息，试想在哪些具体应用领域，既需要知道三维加速度信息，又需要知道三维角速度信息？请查资料，举出至少一例。

(2) 实验中，若给出直行指令，小车却走不直，可能有哪些原因？

(3) 查阅资料列举当前常用的无线通信方式。

实验九　智能小车寻迹

一、实验目的

(1) 了解寻迹功能实现的主要方法。

(2) 了解 PID 控制算法的基本原理。

(3) 掌握调节 PID 参数的基本方法。

二、实验器材

(1) 完整小车套件一套;

(2) 线性 CCD 模块一套。

三、预习要求

(1) 掌握 PID 算法的基本原理。

(2) 掌握 PID 算法在数字系统中的实现方法。

四、实验原理

1. PID 算法简介

在模拟控制系统中,控制器最常用的控制规律就是 PID 控制。常规 PID 控制系统的原理如图 E9.1 所示。

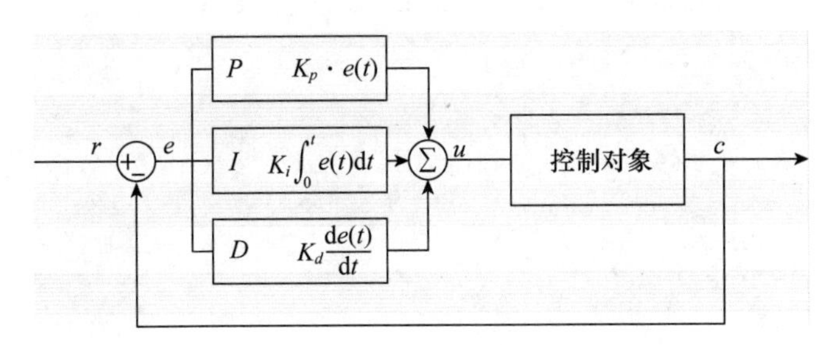

图 E9.1　常规 PID 控制系统的原理

对于系统给定的 r 与实际输出的 c,可以获得系统的偏差 $e(t)=r(t)-c(t)$,

将偏差的比例项(P)、积分项(I)和微分项(D)通过线性组合构成控制量,对被控制对象进行控制。因此这种控制系统被称为PID控制。图E9.1中K_p,K_i,K_d分别构成比例、积分和微分线性组合的比例系数。

直观来看,比例控制部分对偏差立即产生控制作用,用来减少系统的偏差;积分控制部分主要用于清除静差,提高系统的无差度;微分控制部分对偏差信号的变化趋势或速度进行跟踪,在系统中尽早引入有效的修正信号,从而加快系统的反应速度,减少调节时间。

在工程实践中,一般P是必须的,因此可以衍生出其他组合的PID控制器,如PD,PI。

2. 数字PID算法

在微处理器系统中,因为控制器是通过软件实现其控制算法的,所以必须对模拟调节器进行离散化处理,这样它只需根据采样时刻的偏差值计算控制量。因此,需要用差分代替微分,用累加代替积分。可以得到如下的控制公式

$$u(k) = K_p e(k) + K_i \sum_{j=0}^{k} e(j) + K_d [e(k) - e(k-1)]$$

其中k是采样序号,$u(k)$是第k次采样时刻的控制量,$e(k)$是第k次采样时刻的偏差量,$e(k-1)$是第$k-1$次采样时刻的偏差量。

由于只有在采样时间间隔很短的情况下,才可以使用差分方程替换微分方程,因此在程序实现过程中尽量使用较短的采样间隔(例如10 ms),一般采用中断的方式来保证时间间隔的稳定。下面的C程序设计语言代码,用来在每次采样之后调整控制量的输出。

```
int Position_PID(int measure, int target)
{
static float bias, output, int_bias, last_bias;
bias = measure - target;
int_bias + = bias;
output = Kp * bias + Ki * int_bias + Kd * (bias - last_bias);
last_bias = bias;
return output;
}
```

(1) 图E9.2所示为PID控制系统的响应曲线,评价PID控制系统的主要指标有:

① 最大超调量,响应曲线的最大峰值与稳定值的差。

② 调节时间,响应曲线从起点出发,第一次到达稳定值所需要的时间。

③ 静差,被控制的稳定值与给定值的差距。

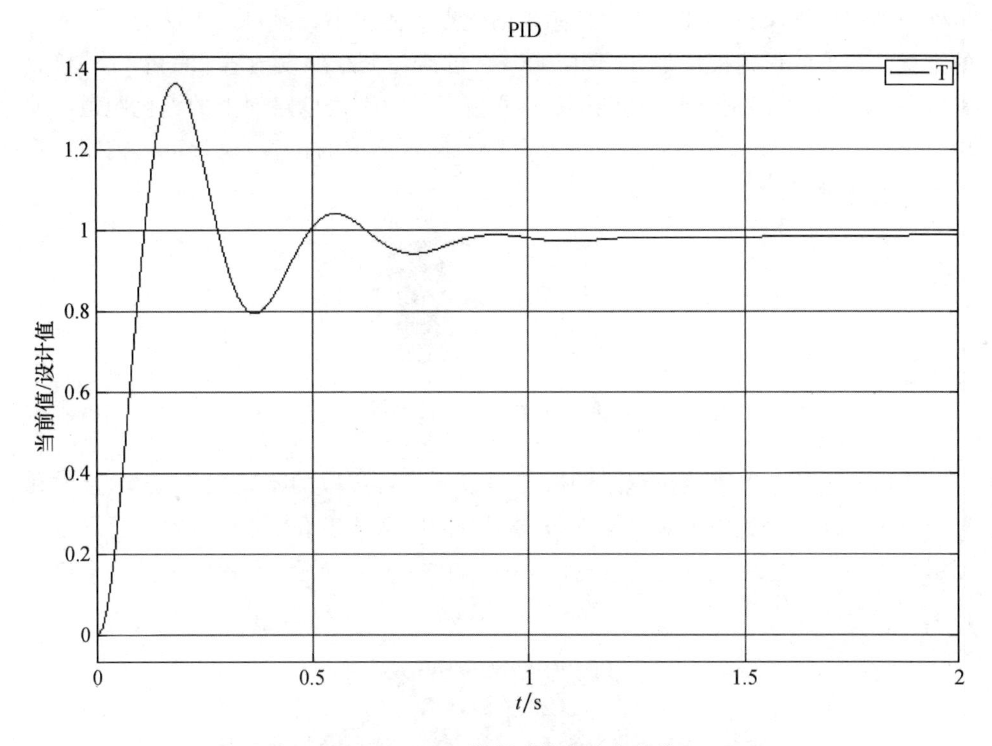

图 E9.2　PID 控制系统的响应曲线

(2) PID 控制系统的参数调节,也就是 K_p,K_i,K_d 值的选取,有很多经验上的方法,例如:

① 设置 K_d 和 K_i 为 0;

② 增加 K_p 直到系统振荡,记录此时的 K_p 为 K_c,振荡频率为 P_c;

③ 设置 $K_p=0.5K_c$;

④ 设置 $K_d=K_p*P_c/8$;

⑤ 设置 $K_i=2*K_p/P_c$。

在实际系统中,会根据测试情况多次微调参数,以满足所需要的指标。一般而言,一个控制系统的控制难度,取决于系统的惯性和对响应速度的要求等,系统惯性越大,对响应速度要求越高,控制难度越大,对 PID 参数的选择也就越敏感。

3. 巡线的基本方法

所谓巡线就是让小车沿着特定的标记行进。标记可以是特定颜色的跑道线,也可以是特定的电磁信号。本实验仅讨论铺设比较简单的特定颜色的跑道线。

对于跑道的识别方法主要有两种，一种依靠红外光电传感器，如图 E9.3 所示，另外一种依靠摄像头。红外光电传感器的优点是体积小、价格低、不易受环境光线的干扰。常见的识别模块是 TCRT5000，它包括一个红外发射管和一个红外接收管，通过反射方式识别路面的反射率，这样就可以识别浅色路面上的深色跑道。使用多个 TCRT5000 模块就可以在一定范围内确定跑道的位置，也就可以控制小车沿着跑道行驶了。

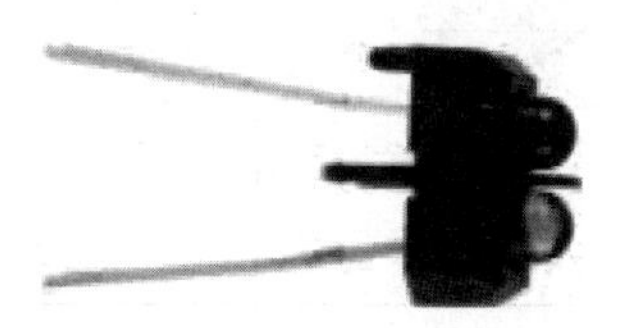

图 E9.3 红外光电传感器

使用光电传感器来定位跑道的缺点是只能获得离散的不精确的位置，这样在控制小车的前进时就很难避免小车方向调节的跳跃式变化，对小车的性能产生不利影响。解决的方法是提高传感器的数量，如图 E9.4 所示，或者使用摄像头检测跑道。

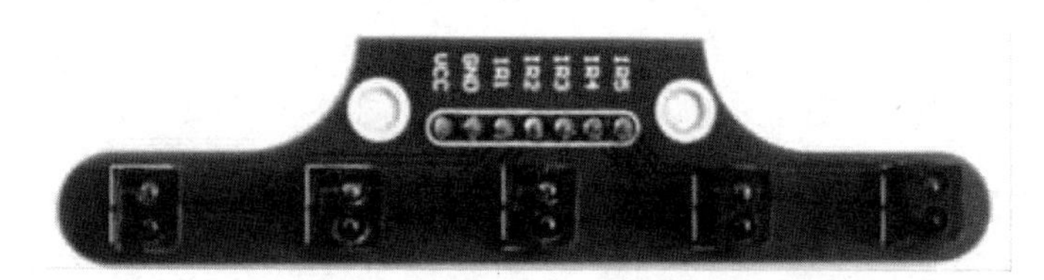

图 E9.4 用于巡线的传感器阵列

4. 线性 CCD 传感器简介

摄像头寻轨可以达到更好的效果，但摄像头获取的数据为一帧图像，对于单片机系统来说，接口过于复杂，计算能力的要求也高。比较适合的产品是一种线性 CCD 传感器，它相当于多个微型光电传感器排成一行，可以获得一维的光强信息。TSL1401 线性传感器阵列由 128 个光电二极管组成，像素间隔为 8 μm，数字接口逻辑仅包含一个串行输入和一个时钟信号。

TSL1401 模块包含 5 个管脚，功能包含：① 电源正极；② 地线；③ 逻辑信号线；④ 时钟信号线；⑤ 模拟信号输出。读取数据的时序如图 E9.5 所示。

TSL1401 模块在 CLK 上升沿对 SI 进行采样，当 SI 有效时，CCD 就会开始传递数据，接下来的 128 个时钟周期，每一个 CLK 低电平时，AO 端口都将以模拟量的形式输出当前的曝光值，128 个时钟总共输出采集的全部 128 个点的曝光值。

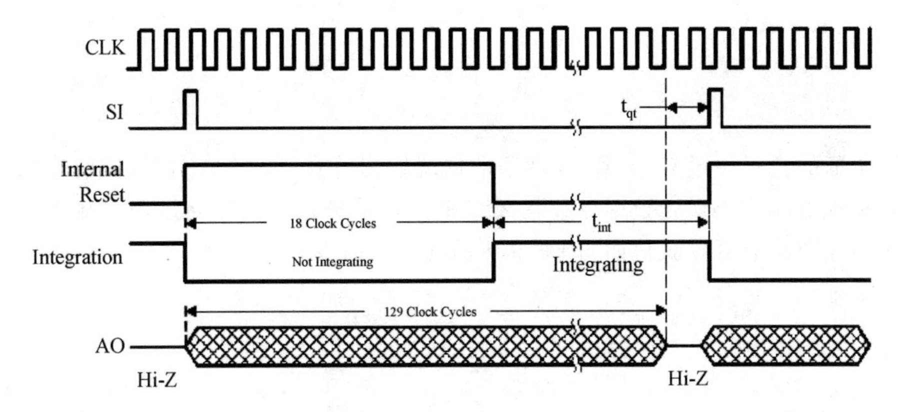

图 E9.5　TSL1401 模块时序图

同时，SI 信号还用于确认曝光时间。在 SI 被拉高后的 18 个脉冲内，CCD 将执行内部的清零操作，而从第 19 个脉冲到下一次 SI 被拉高之间的时间间隔即为曝光时间。在同样的环境下，曝光时间长，读取到的值就会大；曝光时间短，读取到的值就会小。例如白天环境光亮，可适当缩减曝光时间避免值过大；同样在晚上由于环境光暗，可增加曝光时间，让黑白两色的差异更明显。

由于每次读取到的数据是上一个周期曝光的结果，对于循环不断读取数据的情况影响不大，但对于间隔较久读取的情况就必须连续读取两帧图像以获得最近的采样结果。

```
void read_tsl(void)
{
digitalWrite(CLK, HIGH);
digitalWrite(SI, LOW);
delay_us();
digitalWrite(SI, HIGH);
digitalWrite(CLK, LOW);
delay_us();
digitalWrite(CLK, HIGH);
digitalWrite(SI, LOW);
delay_us();
for (unsigned char i = 0; i < 128; ++i) {
digitalWrite(CLK, LOW);
aov[i] = analogRead(1) >> 2;
digitalWrite(CLK, HIGH);
```

```
delay_us();
}
}
```

上面的代码通过 CLK 和 SI 两条数据线输出符合 TSL1401 模块的时序信号,通过模拟引脚读入曝光数据保存在数组中。如果将数组内容通过串口输出,并利用串口绘图功能可以获得如图 E9.6 所示的数据曲线。

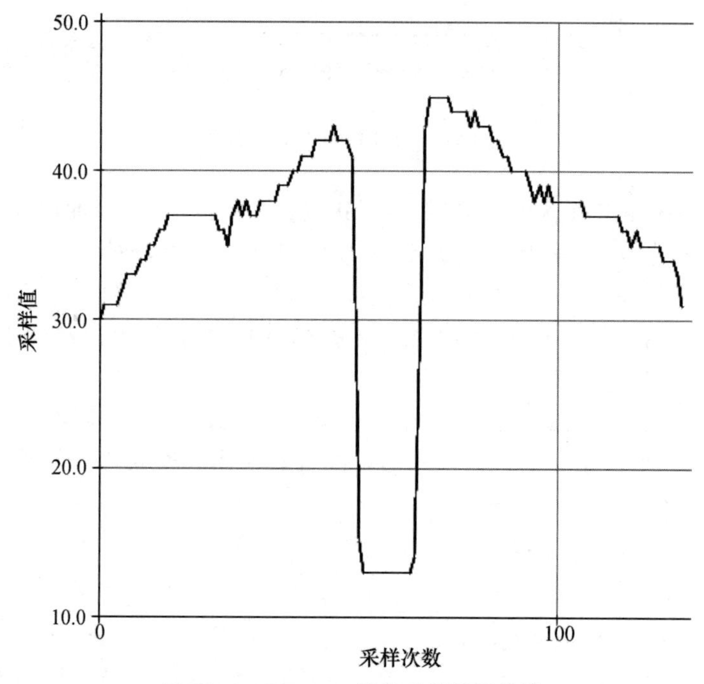

图 E9.6 TSL1401 模块采样数据曲线

这个曲线就是在白色背景上一条黑色标记路径的采样结果,程序可以通过算法获得路径的中心位置,进而控制小车的运行方向。

五、实验内容与步骤

1. 测试提供的小车 PID 速度控制程序

增加代码将小车速度反馈的结果通过串口输出,利用绘图功能查看控制的效果。调整 PID 参数,找到合适的值。

2. 测试 TSL1401 模块

编写测试代码,通过串口绘图功能绘出 TSL1401 模块所采样的数据,并调节曝光时间，使数据便于处理。TSL1401 模块通过排线与小车进行连接，如图 E9.7 所示。

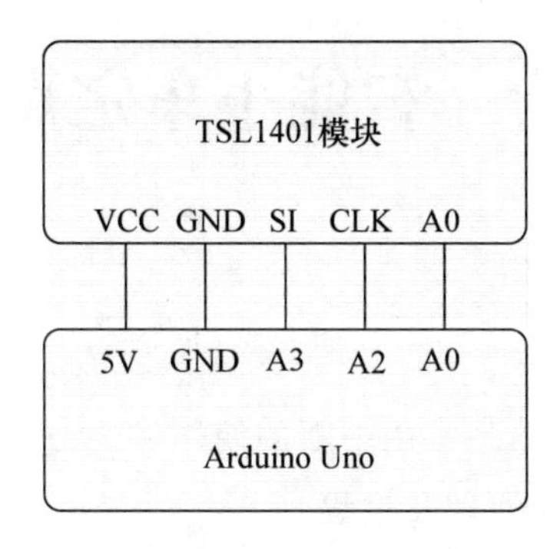

图 E9.7 TSL1401 模块与小车连线图

3. 编写代码确定路径的中点

例如可以设定一个阈值，将小于这个阈值的点作为黑色区域，并求出这个区域的中点。注意可以通过算法过滤掉明显的错误或者噪声数据。

4. 编写巡线小车程序

利用 PD 算法确定小车的转向角度，控制算法如下，确定合适的计算参数：

```
bias = linemark - 64; //偏差
Angle = bias * Kp + (bias - last_bias) * Kd;  // PD 控制
last_bias = bias;  // 保存上一次的偏差
```

5. (选做)异常赛道检测

小车的正常赛道如图 E9.8(a)所示。当赛道出现如图 E9.8(b)的交叉路口和不连续情况(交叉线的宽度不超过1 cm，不连续的长度不超过 10 cm)，小车应该仍能找到正确路径。

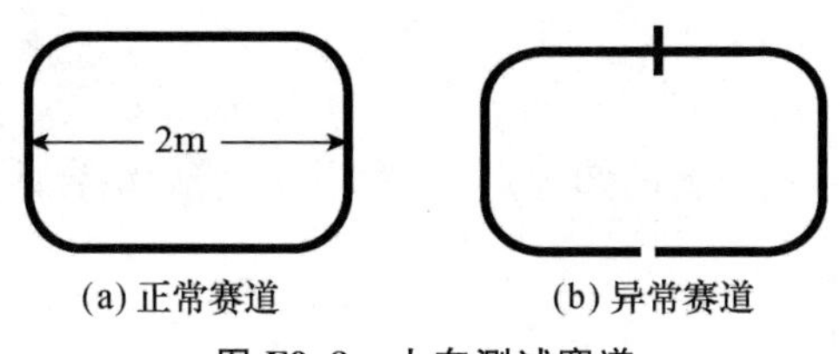

(a) 正常赛道 (b) 异常赛道

图 E9.8 小车测试赛道

六、思考题

(1) 本实验所采用的 PID 控制程序的采样间隔不能太短，请分析原因。

(2) 如果黑色路径中间存在一个短距离的缺失，如何让小车走的更稳定？

实验十　智能小车定点停车

一、实验目的

(1) 理解中断的概念,熟悉常用中断的使用。

(2) 了解简单的负反馈原理及过程。

(3) 学习对实际问题进行简单的建模。

(4) 软硬件结合的系统级综合训练。

二、实验器材

(1) 完整小车 1 套;

(2) 超声波测距模块 2 个;

(3) 蓝牙通信模块 1 个;

(4) 自备装有蓝牙串口助手的手机 1 个。

三、预习要求

(1) 查阅中断相关知识,明白中断的使用方法。

(2) 阅读本实验提供的参考程序,明白每个函数的具体功能。

(3) 弄明白参考程序对中断的使用。

四、实验原理

本实验中,先学习一个新的知识点,程序中断,然后结合前面所学知识,完成智能小车定点停车功能。

1. 简单中断的使用

中断是指程序在执行过程中,遇到某指定的事件发生,程序自动暂停当前进程,改去处理该指定的事件,待处理完毕后再返回被暂停的程序,接着继续执行。

一个完整的中断,包含中断源、中断触发条件和中断服务函数。程序在执行过程中,若预先设定的中断触发条件被满足,程序就会自动暂停当前的进程,改去执行中断服务函数，完成之后再回到原先的程序进程。常用的中断有定时器中断、外部中断等。

以 Arduino 平台里的定时器 2 中断为例，中断源就是定时器 2 的计数溢出，比如每 10 ms 执行一次定时器中断服务函数 function()，具体程序设置如下：

```
#include <MsTimer2.h>//头文件添加 MsTimer2 库函数
void setup() {
……;
MsTimer2::set(10, function); //使用 Timer2 设置 10 ms 定时中断
// function 为中断服务函数名
MsTimer2::start();//中断使能，每 10 ms 执行一次 function 函数
……;
}
voidloop() {
……;
}
void function () {   //中断服务函数定义，该函数由程序自动调用
……;   //不能在 loop()主循环里人为调用
}
```

外部中断是指某些指定端口的电平变化触发中断服务函数。外部中断的使用，需要指明中断源，即端口号，中断服务函数以及中断触发方式（以 Arduino Uno 版本为例）：

- LOW 低电平触发；
- CHANGE 上升沿和下降沿触发；
- RISING 上升沿触发；
- FALLING 下降沿触发。

假如只要指定 Pin 端口电平发生变化，即执行一次外部中断服务函数，具体设置如下：

```
#include <PinChangeInt.h>//头文件添加 PinChangeInt 库函数 void
setup() {
……;
```

```
attachPinChangeInterrupt(Pin,function, CHANGE);  //开启外部中断
……;//参数(中断源、中断函数、中断触发方式)}
voidloop() {
……;
}
voidfunction () {
……;
}
```

中断是一个非常重要的技术,它能有效提高单片机、FPGA 等芯片的运行效率。熟练使用中断,通常会给系统程序设计带来很大的简化,并能完成复杂的功能。

本实验中,将学习利用定时器中断和外部中断,实现对小车的速度测量。

2. *后轮转速测量*

小车的速度调节,通过设置不同的电机驱动电压实现。不过由于车轮的个体差异,在同样驱动电压下,左右后轮的转速也可能不一样,所以,很多时候,需要对两后轮进行速度测量与控制,保证它们按照我们设定的转速在运行。

左右后轮的转速测量,需要利用电机编码器,一般有光电码盘和霍尔码盘,如图 E10.1 所示,码盘与车轮电机同轴,电机转动时,码盘按一定比例跟着转(本实验中,车轮转速/码盘转速=1/30)。码盘上装有很多辐条(本实验中为 13 根),当每根辐条扫过码盘上的光电感应区或者霍尔感应区时,编码器信号输出端口会输出一个数字脉冲;通过计数一定时间内的脉冲数,就可以得到车轮相对转速;另外,为了判断电机的转动方向,一般会相邻着装有两个光电感应器或者霍尔感应器,这样就能得到两路速度脉冲信号(A 相和 B 相,分别用 ENCODER 和 DIRECTION 表示),根据两路速度脉冲信号的相对延迟,就可以得知电机的转动方向,如图 E10.2 所示。

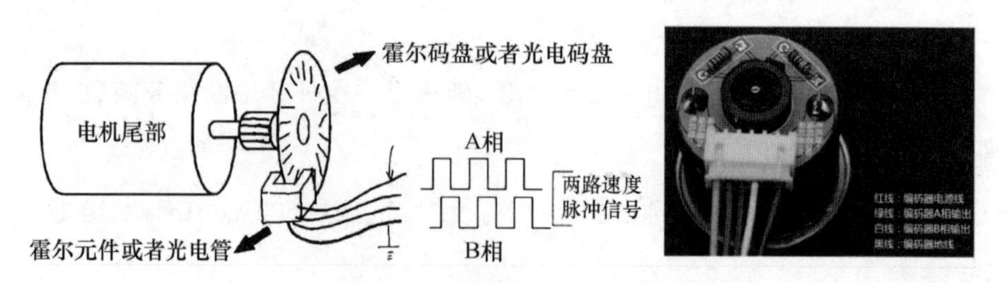

图 E10.1 编码器原理及其实物图

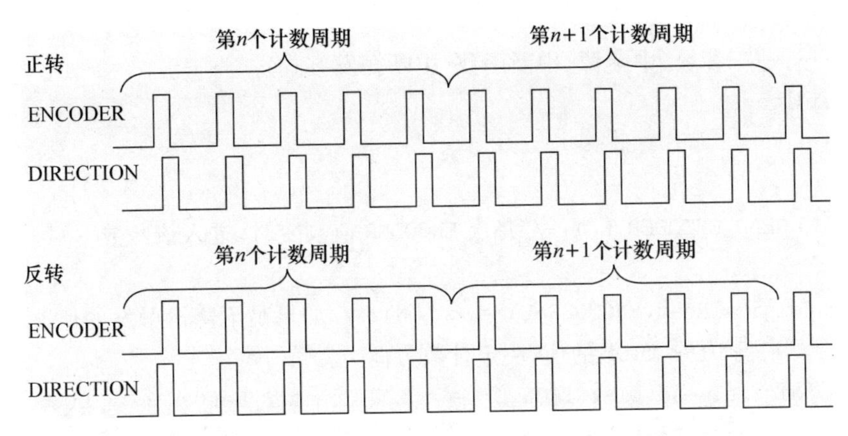

图 E10.2　编码器测速示意图(分别对应车轮正转和反转两种情况)

利用 Arduino 平台端口读取一定时间内的 ENCODER 引脚的脉冲数目(实际上统计脉冲的上升沿和下降沿的总次数)，就可以得到车轮转速相对值。可以看到，在车轮正转和反转两种情况下，ENCODER 引脚脉冲上升沿和下降沿处，对应的 DIRECTION 引脚值不一样。

实验中，左右后轮各装了一个编码器，分别测速，两个编码器与 Arduino 平台的接口定义详见实验八中图 E8.1 所示。

```
/*********编码器引脚*********/
#defineENCODER_L     4  //左轮编码器采集引脚
#defineDIRECTION_L   8
#defineENCODER_R     2//右轮编码器采集引脚
#defineDIRECTION_R   7
```

以左后轮为例，程序中以 ENCODER_L 引脚为外部中断触发源，触发方式为上升沿和下降沿触发，然后在中断服务函数里，根据 DIRECTION_L 的值，来判断计数方向。具体测量程序框架如下：

```
//实际在脉冲的上升沿和下降沿都进行计数，相当于 2 倍频的效果
//根据 ENCODER, DIRECTION 的值决定计数加或减
#include <PinChangeInt.h>//头文件添加 PinChangeInt 库函数
volatilelong Counter_Left; //全局变量，左后轮转速计数器
void setup() {
……;
attachPinChangeInterrupt(4, READ_ENCODER_L, CHANGE);  //开启外部
```

中断

```
……;  //参数(中断源、中断函数、中断触发方式)}
voidloop() {
……;
}
void READ_ENCODER_L()  //每次 ENCODER 值改变时,进入该函数
{
if (digitalRead(ENCODER_L) = = LOW)  //如果是下降沿触发的值改变
{  //根据 DIRECTION 的值,决定计数方向
if (digitalRead(DIRECTION_L) = = LOW)Counter_Left - - ; //00
else Counter_Left + + ;                                 //01
}
else  //如果是上升沿触发的值改变
{  //根据 DIRECTION 的值,决定计数方向
  if (digitalRead(DIRECTION_L) = = LOW) Counter_Left + + ; //10
  else Counter_Left - - ;  //11
  }
}
```

脉冲计数功能已经实现,只要给计数器定时,就可以得到车轮相对转速。我们以 10 ms 定时计数为例(只保留了定时器相关代码,其他变量定义与上文脉冲计数程序兼容):

```
#include <MsTimer2.h>//头文件添加 MsTimer2 库函数
int Velocity_Left;  //全局变量,左后轮速度
void setup() {
……;
MsTimer2::set(10, control);//使用 Timer2 设置 10 ms 定时中断
MsTimer2::start();//中断使能,每 10 ms 执行一次 control 函数
……;
}
voidloop() {
……;
}
void control() {
……;
```